U0739602

介质埋藏微带天线
Dielectric Embedded Microstrip Antenna

倪国旗　著

国防工业出版社

·北京·

图书在版编目(CIP)数据

介质埋藏微带天线 / 倪国旗著. —北京：
国防工业出版社，2012.7
 ISBN 978 – 7 – 118 – 07712 – 4

Ⅰ.①介…　Ⅱ.①倪…　Ⅲ.①微波天线
Ⅳ.①TN822

中国版本图书馆 CIP 数据核字(2012)第 116293 号

※

*国防工业出版社*出版发行

(北京市海淀区紫竹院南路 23 号　邮政编码 100048)
国防工业出版社印刷厂印刷
新华书店经售

*

开本 850×1168　1/32　印张 6⅜　字数 152 千字
2012 年 7 月第 1 版第 1 次印刷　印数 1—3000 册　定价 45.00 元

(本书如有印装错误，我社负责调换)

国防书店：(010)88540777　　发行邮购：(010)88540776
发行传真：(010)88540755　　发行业务：(010)88540717

致 读 者

本书由国防科技图书出版基金资助出版。

国防科技图书出版工作是国防科技事业的一个重要方面。优秀的国防科技图书既是国防科技成果的一部分,又是国防科技水平的重要标志。为了促进国防科技和武器装备建设事业的发展,加强社会主义物质文明和精神文明建设,培养优秀科技人才,确保国防科技优秀图书的出版,原国防科工委于1988年初决定每年拨出专款,设立国防科技图书出版基金,成立评审委员会,扶持、审定出版国防科技优秀图书。

国防科技图书出版基金资助的对象是:

1. 在国防科学技术领域中,学术水平高,内容有创见,在学科上居领先地位的基础科学理论图书;在工程技术理论方面有突破的应用科学专著。

2. 学术思想新颖,内容具体、实用,对国防科技和武器装备发展具有较大推动作用的专著;密切结合国防现代化和武器装备现代化需要的高新技术内容的专著。

3. 有重要发展前景和有重大开拓使用价值,密切结合国防现代化和武器装备现代化需要的新工艺、新材料内容的专著。

4. 填补目前我国科技领域空白并具有军事应用前景的薄弱学科和边缘学科的科技图书。

国防科技图书出版基金评审委员会在总装备部的领导下开展工作,负责掌握出版基金的使用方向,评审受理的图书选题,决定资助的图书选题和资助金额,以及决定中断或取消资助等。经评审给予资助的图书,由总装备部国防工业出版社列选出版。

国防科技事业已经取得了举世瞩目的成就。国防科技图书承担着记载和弘扬这些成就,积累和传播科技知识的使命。在改革开放的新形势下,原国防科工委率先设立出版基金,扶持出版科技图书,这是一项具有深远意义的创举。此举势必促使国防科技图书的出版随着国防科技事业的发展更加兴旺。

设立出版基金是一件新生事物,是对出版工作的一项改革。因而,评审工作需要不断地摸索、认真地总结和及时地改进,这样,才能使有限的基金发挥出巨大的效能。评审工作更需要国防科技和武器装备建设战线广大科技工作者、专家、教授,以及社会各界朋友的热情支持。

让我们携起手来,为祖国昌盛、科技腾飞、出版繁荣而共同奋斗!

国防科技图书出版基金

评审委员会

国防科技图书出版基金
第六届评审委员会组成人员

主 任 委 员	刘成海
副主任委员	宋家树　蔡　镭　程洪彬
秘 书 长	程洪彬
副 秘 书 长	邢海鹰　贺　明

委　　　员
（按姓氏笔画排序）

于景元	才鸿年	马伟明	王小谟
甘茂治	甘晓华	卢秉恒	邬江兴
刘世参	芮筱亭	李言荣	李德仁
李德毅	杨　伟	肖志力	吴有生
吴宏鑫	何新贵	张信威	陈良惠
陈冀胜	周一宇	赵万生	赵凤起
崔尔杰	韩祖南	傅惠民	魏炳波

V

前　言

微带天线具有重量轻、体积小、剖面薄、易共形、易制作、能双频工作、便于组阵、便于组合设计等优点;而介质埋藏天线则具有可减小体积、隐蔽性好、频带较宽、性能不易受环境影响等优点,如果能将这两者的特性集于一体,则天线的性能就更理想了。该书研究了这两者的结合产物——介质埋藏微带天线。

介质埋藏微带天线是指将微带天线全部埋藏于介质中,并且规定微带天线的接地金属板的任何边缘都应与微带天线基片相对应的任何边缘之间有一定的距离,即接地板面积尺寸必须小于基片面积尺寸。它与介质覆盖微带天线的主要区别是接地板也全部埋藏于介质中,有时甚至还没有专门的接地板。

本书主要做了如下工作。

(1) 将介质覆盖对微带天线性能影响的研究,拓宽到作为一种天线来研究的层面上,提出了介质埋藏微带贴片天线的结构形式,进行了天线的一个新方向的研究尝试,拓宽了微带天线的研究领域。

(2) 提出了介质埋藏立体式八木天线的新结构,首次设计研究出了一种新型的介质埋藏八木天线结构形式。该结构类似于三明治,因此也称"三明治"结构,该种天线结构保证了微带八木天线的主波束方向能垂直天线基片平面。

(3) 扩充了八木天线中反射振子的作用原理,研究出了可明显改善介质埋藏立体式八木天线性能的"栅栏"式结构。这种结构是在各振子两旁增加寄生贴片,垒起"栅栏",形成电磁波的反射和导引通道。

(4) 首次研究和设计出了介质埋藏立体式八木天线线阵结构，为研究新型的平板式相控阵天线打下了一定的基础。

(5) 在设计方法上，对微带贴片天线结构改造的研究提供了一种新的有益尝试。

此外，本书还从介质埋藏微带天线集成度高、可做成小体积的相控阵、低成本的卫星地面接收天线，以及具有良好的隐蔽性和防环境侵害性的特点等方面论证了介质埋藏微带天线具有广阔的发展前景和巨大的应用价值。

本书专业强，主要适用于从事天线设计研究的科技工作者和从教人员，希望能对他们的工作有所裨益。

本书主要由余白平校对，梁军、张涛、倪围等也参与了校对及其他相关工作。

书中涉及的天线设计研究内容历经理论研究、仿真实验、实物制作、测试验证等阶段，历时 7 年才成稿。在此期间，得到了国内外同行的大力支持和帮助。借此机会，作者要特别感谢良师北京理工大学高本庆，澳大利亚格里菲斯大学鲁军伟教授，还要感谢清华大学冯正和教授，北京邮电大学高攸纲教授。此外，要感谢桂林空军学院张道炽教授及本书的责任编辑国防工业出版社的白天明。

作　者

2012.1

Preface

The microstrip antenna is light, smart, thin, conformal, fabricate convenient, working on dual-band, easy arranged array, and combination design convenient. The dielectric embedded antenna is more smart, covert, wide band, and not interferential by the environment. If they can be integrated, the performance of the antenna is preferable. In This book, the Dielectric Embedded Microstrip Antenna (DEMA) is described. The DEMA is integrated by the microstrip antenna and the dielectric embedded antenna.

The DEMA is antenna of microstrip antenna all embedded in the dielectric. There is a distance between any edge of grounding metal plate of microstrip antenna and any corresponding edge of the substrate of microstrip antenna. Namely, the area size of grounding metal plate must be less than the substrate size area. The trait of DEMA is the grounding metal plates of microstrip antenna all embedded in the dielectric. Sometime, the DEMA has not appropriative grounding metal plate. But dielectric coverage microstrip antenna is not such.

This book mainly describes the following matters:

(1) The new concept of the Dielectric Embedded Microstrip Patch Antenna (DEMPA) is given by the performance of the coverage microstrip antenna researched. A new research direction of antenna is attempt, so that a research direction of microstrip antenna is extended.

(2) The new structure of the Dielectric Embedded Three-Dimensional Yagi Antenna (DETDYA) is given. The newly configuration of DETDYA researched is headmost. It is the same as a sandwich, so it can be called sandwich structure, which guarantees uprightness between beam direction and the substrate flat plane of microstrip Yagi antenna.

(3) The theory of reflector of the Yagi antenna is extended. The "barrier" configuration of markedly improving the capability of DETDYA is researched. The reflection is used as barrier in the DETDYA. So as to, the reflection or transmission channel of electromagnetic wave is formed.

(4) The DETDYA array researched is headmost, in order to explore new type of flat-Phased Array Antenna laid a certain foundation.

(5) On the methods of antenna design, the research of microstrip patch antenna structure improved is new and useful attempt.

Also, this book demonstrates the bright future and great value of DEMA for its high integration, easily made small size of phased array and low cost satellite antenna, as well as good concealment and good prevention of environmental violations.

Besides, this book is very professional. It is mainly for the antenna researcher and teaching staffer. I wish that it will be beneficial for their work.

The whole book is mainly proofread by Yu Baiping, Liang Jun, Zhang Tao, Ni Wei and others also participate in it or something related.

As the antenna design content related this book has been through theory researching, simulating, physical production, testing and verification, it took seven years to complete the first draft. During this period , domestic and foreign counterparts helped me a lot , taking this opportunity , the authors especially want to thanks his mentors Professor Gao Benqing in Beijing Institute of Technology and Professor Lu Junwei in Griffith University , then thanks Professor Feng Zhenghe in Tsinghua University and Professor Gao Yougang in Beijing University of Posts and Telecommunications , besides , thanks Professor Zhang Dao-Chi in Guilin Air Force Academy and Editor Bai Tianming in National Defense Industry Press and so on.

The Author

2012. 1

目　录

XIV

CATALOGUE

第一章 概　　述

应用是技术发展的动力,创新是技术生存的根基。

我们知道,到目前为止对天线的研究,主要是集中在研究经典的、自由空间条件下的天线性能、设计和理论分析等方面,但随着天线用途的日益扩展,这已不能满足日益发展的实际工程需要了。比如,潜艇之间、潜水员之间的水下通信,地铁通信以及矿坑中的隧道通信等所使用的天线都埋藏在特定的介质中。再比如,大气探测、地球物理勘探和生物医学工程中所使用的天线也会埋藏在下列一些媒介中:湿土、干沙、海水或湖水、北极冰、不同电子浓度和碰撞频率的等离子体以及从脂肪到肌肉的各生物体的组织器官等。随着现代航天及军事的飞速发展,还需要大量的与航天器、导弹、飞机等外表结构共形的且埋藏于其内部的天线,为了更有效地设计和使用这些介质中的天线,非常有必要研究这些天线在特定介质中的性能及相应的分析结果,为新理论研究提供实验基础。

1.1　研究介质埋藏天线的意义

目前,各种天线都是裸露于各自设备的表面。我们知道,这些天线主要可分为电小天线(如车载调幅垂直接收天线)、谐振天线(如半波振子天线)、宽带天线(如螺旋天线)、口径天线(如喇叭天线)等[1,2],这些天线要么安装时不能与设备共形,要么大规模生产时受到一定限制,要么就是生产成本较高,要么裸露于空气中的天线金属部分受到氧化腐蚀等,都不同程度地具有一些应用中的实际问题。如果能借助微带天线的设计思想,将微带天线埋藏在介质中,这样不但可以克服以上困难,而且还具有以下意义:①埋

1

藏天线可以减小天线尺寸。因为电磁波在介质中的波长是: $\lambda_r = \lambda_0 / \sqrt{\varepsilon_r}$ ，若选取 $\varepsilon_r \geqslant 1$ ，可见理论上天线介质中的波长就可缩短，而波长是与天线长度等尺寸有关联的。②在恶劣的应用环境中可保护天线装置。因为它避免了裸露于空气中的金属的腐蚀问题，这里介质又充当了保护层的作用，这比油漆的作用效果要好得多。③能方便地做成相控阵系统[3]，因为它可以把全部的电子线路、移相器、馈电网络、辐射元等直接刻蚀在一块基板上，制造成全集成相控阵系统，以适应现代先进系统的要求。④如果用在雷达上，可以提高雷达的抗干扰能力，因为它可以方便地做成相控阵天线，可使扫描有较大的灵活性，一个电扫描阵可设计成能同时产生多个各自扫描的波束，这样可防侦察和被干扰[4]。⑤在平面式设备（比如飞机、宇宙飞船、导弹、车辆、坦克等）上安装时，不改动原设备的外形几何结构，不扰动装载设备的空气动力学性能。⑥增强了天线的隐蔽性。⑦可增加埋藏微带天线带宽。⑧开辟了微带天线的一个新研究方向，为研究新的天线辐射机理和技术提供实验数据和例证，因为在这里仅用微带天线的辐射理论来解释介质埋藏天线是不够的，它相当于将微带天线中的贴片镍嵌于介质基片里面。

1.2　介质埋藏微带天线的研究方法

1.2.1　介质埋藏微带天线定义及其与微带天线的比较

1. 介质埋藏微带天线的定义

介质埋藏天线，顾名思义就是将天线埋藏于介质中的一类天线。介质埋藏天线按埋藏于介质中的深度又可分为全埋藏天线和部分埋藏天线：全埋藏天线，将天线全部埋藏于介质中；部分埋藏天线，天线只有一部分埋藏于介质中。此外，我们认为介质埋藏天线还可以根据被埋藏的天线类型不同而分为介质埋藏线天线、介质埋藏面天线和介质埋藏微带天线等：介质埋藏线天线，是指埋藏于介质中的天线是线天线;介质埋藏面天线,是指埋藏于介质中的天线是面天线;介质埋藏微带天线,是指埋藏于介质中的天线是微带天线。

为了开展研究的需要,本书根据其结构特点作了如下定义:介质埋藏微带天线是指将微带天线全部埋藏于介质中,并且规定微带天线的天线贴片元和接地金属板的任何边缘都应与微带天线基片相对应的任何边缘之间有一定的距离,即天线贴片元和接地板任何一边的边缘到天线中心的距离都必须小于与其相对应的基片边缘到天线中心的距离(以保证从基片侧面看,贴片边缘不露在介质外面),只有这样才能称作为介质埋藏微带天线。据此定义,考虑到微带天线分为微带贴片天线、微带振子天线、微带线型天线和微带缝隙天线等四类,相对应地,介质埋藏微带天线也分四类,把介质埋藏微带贴片天线和介质埋藏微带振子天线合称为介质埋藏微带贴片天线,因为微带天线中的振子就是宽度远小于长度的贴片的特例,本书只研究此类天线。

应该强调的是,我们这里定义的介质埋藏微带贴片天线是不同于目前国内外学者们正在研究的介质覆盖微带天线,因为后者只将介质覆盖在微带天线的贴片上,同时这种覆盖允许介质与贴片之间有缝隙存在,而且也允许贴片边缘与基片边缘相取齐,即允许贴片的侧面外露。另外,介质覆盖微带天线还不考虑微带天线的另一面即接地板的覆盖问题,而介质埋藏微带贴片天线则不允许埋藏介质与贴片和接地板之间有任何缝隙,且贴片和接地板还不能露于介质外。

2. 介质埋藏微带贴片天线与微带贴片天线的特点比较

由于研究介质埋藏微带贴片天线是在微带贴片天线的基础上来进行研究的,因此,在这里只比较介质埋藏微带贴片天线和微带贴片天线的特点。

1)微带贴片天线的特点

主要从微带贴片天线的优点和缺点两方面来叙述。

与通常的微波天线相比,微带天线有如下主要优点:

（1）重量轻、体积小、剖面薄的平面结构，可以做成共形天线；

（2）制造成本低，易于大量生产；

（3）因可以做得薄而不扰动装载设备的空气动力学性能等；

（4）无需作大的变动，天线就能很容易地装在导弹、火箭和卫星上；

（5）天线的散射截面较小；

（6）稍微改变馈电位置就可以获得线极化和圆极化（左旋和右旋）；

（7）比较容易做成双频率工作天线；

（8）不需要背腔；

（9）适合于组合式设计（固体器件，如振荡器、放大器、可变衰减器、开关、调制器、混频器、移相器等可以直接加到天线基片上）；

（10）馈线和匹配网络可以和天线结构同时制作；

（11）有利于制成智能天线和有源天线。

但是，与通常的微波天线相比，微带天线也有它的缺点：频带窄；损耗较大，因而增益较低；大多数微带天线只向半空间辐射；最大增益实际上受限制（约为20dB）；馈线与辐射源之间的隔离差；端射性能差；可能存在表面波；功率容量较低等。值得指出的是，有些办法可以减小某些缺点，例如只要在设计和制造过程中特别注意就可以抑制和消除表面波。

2）介质埋藏微带贴片天线的特点

本书研究的天线主要是采用微带贴片制作技术，用多层敷铜板将金属贴片埋入介质基底材料中，因此与微带贴片天线在结构上有类似的地方，也有类似的特点，但也与微带贴片天线有不同的地方：①将微带天线的轴向面加厚了；②所有的金属部分都埋藏于介质内部；③电磁波要经过介质，然后再通过介质与空气之间的分界面传播，最后才在空气中传播。因此，埋藏式介质微带天线除了具有微带贴片天线的各优点外，还有自己的优点：

（1）改变了微带天线的结构，因为电磁波在介质中的波长是：

$\lambda_r = \lambda_0 / \sqrt{\varepsilon_r}$,若选取 $\varepsilon_r \geqslant 1$,由于天线的尺寸与 λ 有关系,所以理论上天线的尺寸将会发生改变。

(2)天线的金属部分可受到介质的保护。

(3)天线的带宽可加宽。

(4)天线具有隐蔽性。

(5)天线的工作性能受环境的影响减小。

当然,介质埋藏微带天线也有自己的不足之处,即电磁波在介质里面和介质表面有损耗,而且还可能有折射现象发生,但损耗可以通过选择损耗角正切参数来克服,表面波损耗则可以通过对天线的精心设计来减小。

1.2.2 借鉴微带天线的结构设计方法

我们知道,微带天线根据其导体贴片结构不同,可分为微带贴片天线、微带振子天线、微带线型天线和微带缝隙天线等四种,本书将把微带天线前两类天线合并称为微带贴片天线,以后叙述均同此。微带贴片天线一般采用双面敷铜板制作,一面接地板;另一面铜片通过腐蚀做成各种要求的形状。金属部分全部裸露在外面,其中的基板材料可以有多种,根据不同要求而定。

为了发挥和利用微带天线的优点,同时可以借鉴微带天线的结构设计方法,我们选用介质埋藏微带贴片天线,这个方向目前都集中在研究介质覆盖对微带天线性能的影响上,还没有拓宽到作为天线来研究的层面上,是一片处女地(介质埋藏天线目前的研究都集中在将线状圆铜杆埋入介质材料中,即把代表天线结构的金属部分埋入介质中)。这里,采用多层敷铜板 PCB 技术,设计制作出了各种贴片式介质埋藏天线,但这里与微带贴片天线不同的是,我们也把接地板全部埋藏在介质中,没有金属部分裸露在外面。

1.2.3 借鉴微带天线的分析方法

微带天线的经典分析方法主要有传输线模型法和空腔模型

法。传输线模型法主要用于矩形微带贴片天线,这种方法把矩形微带贴片天线看成两端开路的微带传输线,场沿传输方向(纵向)呈驻波分布,辐射主要由两开路端的缝隙产生。传输线模型法假设场沿传输线横向没有变化,是一种一维空间的分析方法。空腔模型法把微带贴片与接地板之间的空腔看成是上下为电壁、四周为磁壁的有损耗的谐振腔,主要的损耗是由贴片边缘泄漏出去的辐射损耗,天线的辐射可以看成是由空腔四周的等效磁流产生的。空腔模型法假设场在与贴片垂直的方向没有变化,是一种二维空间的分析方法,适用于基片厚度远小于波长的情况。而对于厚基片微带天线,这种方法误差比较明显,因为这时必须考虑电磁场在与贴片垂直方向的变化。

无论是传输线模型还是空腔模型都没有考虑空腔内的场在与贴片垂直方向上的变化,对于介质基片的厚度与波长相比不是很小时,这种近似就会带来很大的误差。并且以上两种方法都只适用于形状简单的贴片,而积分方程法适用于任何介质厚度和任何结构的微带天线。积分方程法又称格林函数法,这种方法认为微带贴片天线的辐射场是由贴片表面的电流产生的,这种电流的辐射场可以借助并矢格林函数来计算。积分方程法考虑了贴片垂直方向的变化,属于三维空间的分析方法,它适用于计算复杂结构的微带天线,但复杂边界条件下并矢格林函数的推导比较困难。

时域有限差分法近年来在微带天线的分析中得到广泛应用,它是对微分方程的简化(将变量对空间和时间的微分代之以差分而建立迭代式的),不需要推导并矢格林函数,解决了复杂边界条件下并矢格林函数的推导比较困难的问题,非常适合计算机编程运算等。

此外,近年来,还有研究者将遗传算法、神经网络法运用进来,进行分析[5-7]。更详细的分析方法见第二章第二节。

在前面已提到过,介质埋藏贴片天线加厚了微带贴片天线,因此,选择第三种分析方法——积分方程法,来分析介质埋藏天线。

由于在介质埋藏天线中,馈源产生发射的电磁波是先在介质中传播,然后经过埋藏介质和空气之间的界面,最后进入空气中传播,这与微带天线中电磁波在半自由空间中传播相比,多了两个不同的过程,一是在介质中传播,二是通过介质与空气之间的界面的传播。显然,电磁波在介质与空气的交界面上就有折射现象出现,这里的边界条件又发生了变化,因此,必须对上述在微带天线中使用的积分方程法加以部分修正,同时借鉴波在媒质中传播理论等,进行某些内容的拓展和创新。

1.3 主要内容和结构

全书共分七章来进行叙述:第一章绪论,是本书开篇要叙述的内容:叙述了研究介质埋藏微带天线意义、介质埋藏微带天线的定义及研究方法、本书主要内容和创新情况。第二章,摘录了微带天线的主要基础知识:分别节选了研究微带天线的基础——微带线基本理论,选录了介质埋藏微带天线的基础——微带天线基本原理与计算分析,综述了微带天线技术的研究发展历程并预测了微带天线的发展趋势。第三章,对介质埋藏微带贴片天线的基础性问题进行了研究:主要综述了介质埋藏天线的研究进展情况、介质埋藏天线基片所使用的材料特性与应用、介质埋藏微带天线馈电等。由于目前只搜索到国外学者在通信领域利用线状圆铜杆埋入介质内的研究情况,并且已经正式定义为介质埋藏天线(Dielectric Embedded Antenna),而对微带天线的埋藏研究只局限于介质覆盖对微带天线性能的影响上,还没有拓宽到作为天线来研究的层面上,所以在3.2节着重介绍了介质覆盖层对微带天线性能影响方面的研究情况,以此作为研究的横向参考。第四章,主要叙述了介质埋藏准微带对称振子天线的设计与研究:给出了准微带天线和介质埋藏准微带对称振子天线的定义,设计出了介质埋藏准微带对称振子天线,从理论模型及分析、仿真结果及实物天线性能测试等入手,通过对几种不同情形下的对称振子天线性能的对比分析,研究和证明了介质埋藏准微带对称振子天线的模型和性能的正确性。第五章,叙述了介质埋藏准微带立体式八木天线的设计与研究:提出了介质埋藏准微带立体式八木天线结构的概念,分析研究了多层介质多层导体埋藏结构的理论和八木天线设计理论经验原则,叙述了介质埋藏准微带立体式八木天线的设计过程,用仿真结果和实物天线测试数据对所设计天线的性能进行了研究和分析,提出了可明显改善介质埋藏准微带立体式八木天线性能的改进型天线,这种改进天线是在原天线振子两旁各增加了反射"栅栏"。第六章,主要叙述了介质埋藏准微带立体式八木天线线阵的设计与研究:对微带振子天线线阵方向图进行了简单分析,给出了介质埋藏准微带立体式八木天线二元线阵和四元线阵的结构,并研究了天线阵元间距变化对天线阵总体性能的影响情况,研究分析了埋藏介质的介电常数变化对设计天线性能误差的影响。第七章,主要叙述了对今后研究工作的设想:提出了以后的研究方向,从介质埋藏准微带贴片天线的性能和应用等方面展望了其美好的前景。

1.4 主要创新点

本书总结了我们多年来研究的实验成果和理论方法,在前人相关的研究基础上,主要作了如下的研究工作:

(1)将介质覆盖对微带天线性能影响的研究,拓宽到作为一种天线来研究的层面上,给出了介质埋藏微带贴片天线的定义,进行了天线的一个新方向的研究尝试,拓宽了微带天线的研究领域。

(2)给出了准微带振子天线的定义,对微带天线的结构进行了一种变形研究,设计出了准微带对称振子天线。引入自由空间中对称振子的概念,对微带振子天线结构做了新的改进:去掉了微带天线中金属接地板,用处于同一平面的两个微带振子直接形成一个准微带振子天线。

(3)给出了介质埋藏准微带立体式八木天线的定义,设计研究出了一种新型的介质埋藏准微带八木天线结构形式。该结构类

8

似于三明治,因此也可称为三明治结构,该天线结构保证了微带八木天线的主波束方向能垂直天线平板平面。

(4) 扩充了八木天线中反射振子的作用原理,研究出了可明显改善介质埋藏准微带立体式八木天线性能的"栅栏"式结构。这种结构是将反射振子作为旁"栅栏",用于原立体式八木天线中,形成电磁波的反射和传输通道。

(5) 研究和设计出了介质埋藏准微带立体式八木天线线阵结构,为研究新型的平板式相控阵天线打下了一定的基础。

(6) 在技术路线上,探讨八木天线埋藏于介质中结构及性能的变化,进行了新式天线技术和分析方法的探索研究。

(7) 在设计方法上,对微带贴片天线结构改造的研究提供了一种新的有益尝试。

第二章 微带天线基础

万丈高楼平地起,全凭牢固之根基。

微带线作为传输线继承了传输线理论,创新了传输线结构形式。微带天线是由微带线辐射问题而研究出来的,继承了微带线的结构形式,却创新了天线理论。介质埋藏微带天线,继承了微带天线的辐射理论,但却创新了微带天线的结构形式。微带天线是介质埋藏微带天线的根基,微带线则是微带天线的基础。

微带线作为传输线,在传输电磁波的过程中,必然存在着电磁辐射问题,为了能抑制微带线的电磁辐射而保证电磁信号的最佳传输率,人们研究出了各种微带线,但在研究新微带线的同时,人们没有忘记,假如能加大微带线的辐射,又该如何呢? 带着这样的疑问,有人研究出了微带天线。微带天线中的电磁波在辐射时是处于半自由空间状态,另一半空间却是介质,电磁波在介质中存在着波长缩短效应,介质还限制了微带天线的频率带宽等,为了继承微带天线的优点,克服它的不足,本书分析了介质埋藏微带天线的结构,在介质上做文章,突破介质加厚对天线损耗加大等问题,利用波长缩短效应,减小天线体积等。

2.1 微带线概述

微带线是研究微带天线的基础,本节将摘录和归纳微带线的主要特性,为研究微带天线提供方便,从而得到某些有益的启示。

10

2.1.1 微带线结构及缝隙微带线

1. 微带线结构[8]

微带线可以看作是由双导线传输线演变而成的,如图 2-1 所示。在两根导线之间插入极薄的理想导体平板,它并不影响原来的场分布,而后去掉板下的一根导线,并将留下的另一根导线"压扁",即构成了微带传输线,这样讲,主要是为了便于理解。而实际的微带线结构如图 2-2 所示,导体带(其宽度为 w,厚度为 t)和接地板均由良好的金属材料(如银、铜、金)构成,导体带与接地板之间填充以介质基片,导体带与接地板的间距为 h。有时为了能使导体带、接地板与介质基片牢固地结合在一起,还要使用一些黏附性较好的铬、钽等材料。介质基片应采用损耗小,黏附性、均匀性和热传导性较好的材料,并要求其介电常数随频率和温度的变化也较小。对介电常数的要求应视具体情况而定。一般常用的介质基片的材料有金红石(纯二氧化钛)、氧化铝陶瓷、蓝宝石、聚四氟乙烯和玻璃纤维强化聚四氟乙烯等。

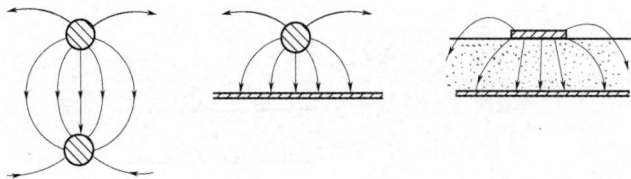

图 2-1　双导线演变成微带线

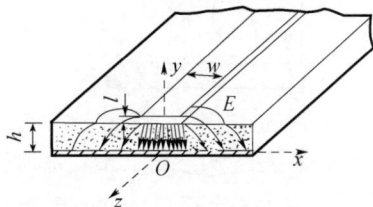

图 2-2　微带线结构

微带线或由微带线构成的微波元件,大都采用薄膜(如真空镀膜)和光刻等工艺在介质基片上制作出所需要的电路。此外,也可以利用介质基片两面敷有铜箔的板,在板的一面,用光刻腐蚀法制作出所需要的电路,而板的另一面的铜箔则作为接地板。

2. 缝隙微带线

缝隙线的结构如图2-3所示。它是在基片敷有导体层的一面上开出一个缝隙而构成的一种微带电路,而在介质基片的另一面则没有导体层覆盖。为了使电磁场更集中于缝隙的附近,并减少电磁能量的辐射,则应采用高介电常数的介质基片。这种结构可以构成各种电路图形,而且由于两个有电位差的导体带位于介质基片的同一面,这对于安置固体器件(尤其是需要并接安置时),以及需要对地形成短路时,都比较方便。

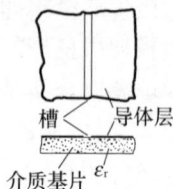

图 2-3 缝隙微带线

缝隙中传输的不是 TEM 模,也不是准 TEM 模,而是一种波导模,它的场结构如图2-4所示。这种模没有截止频率,但是具有

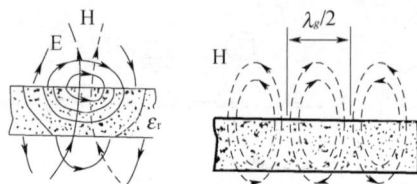

(a) 横截面场结构　　(b) 纵向上的磁场结构

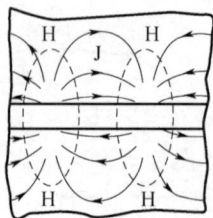

(c) 导体层表面的电流分布

图 2-4 缝隙微带线的场结构和电流分布

12

色散性质,因此,它的相速和特性阻抗均随频率而变。在实际的应用中,如果在介质基片的一面制作出由缝隙线构成所需要的电路,在介质基片的另一面制作出微带传输线,那么,利用它们之间的耦合即可构成滤波器和定向耦合器等元件。

2.1.2 微带线性能描述

1. 微带线的传输模式[9]

由上面微带线的结构可以看出,微带线的场空间由两个不同介电常数的区域(空气和介质)构成。由于只有充填均匀媒质的传输线才能传输单一的纯横向场 TEM 模,而现在微带线中由于空气与介质分界面的存在,使微带中的传输模是具有电场和磁场所有三个分量(包括纵向分量)的混合模,不过,在频率不太高的情况下,如 12GHz 以下,基片厚度远小于工作波长,能量大部分都集中在导体带下面的介质基片内,且此区域的纵向场分量很弱,因此沿微带传输的主模与 TEM 模分布非常相近,故称为准 TEM 模。

当频率较高,微带宽度 w 和高度 h 与波长可相比拟时,微带中可能出现波导型横向谐振模,其最低模(TE_{10})的截止波长为

$$\lambda_c^H = 2(w + 0.4h) \sqrt{\varepsilon_r} \qquad (2.1.1)$$

$0.4h$ 是计入边缘效应后的等效宽度延伸量。而最低次 TM 模(TM_{01})的截止波长为

$$\lambda_c^E = 2h \sqrt{\varepsilon_r} \qquad (2.1.2)$$

此外,微带中还存在表面波。最低次 TM 型表面波(TM_0)的截止波长为 ∞,即其截止频率没有下限。最低次 TE 型表面波(TE_0)的截止波长为

$$\lambda_c = 4h \sqrt{\varepsilon_r - 1} \qquad (2.1.3)$$

上述波导模和表面波模称为微带的高次模,为抑制高次模的出现,微带尺寸的选择需满足如下条件:

$$w + 0.4h < \frac{\lambda_{min}}{2\sqrt{\varepsilon_r}}, h < \frac{\lambda_{min}}{2\sqrt{\varepsilon_r}}, h < \frac{\lambda_{min}}{4\sqrt{\varepsilon_r - 1}} \qquad (2.1.4)$$

13

式中,λ_{min} 为最短工作波长。

2. 微带线特性阻抗

当频率较低时,往往把微带的传输模看作为纯 TEM 模进行近似分析,通过求结构的分布电容来确定其特性参数,这种方法称为准静态法,它包括保角变换法和谱域法等。对于较高的频率,需计入这种混合模的色散特性,要用色散模型和全波分析法等更严格的方法才能得出较精确的结果。不过,用频率函数对准静态法结果作适当修正后,对较高频率也仍能应用。

TEM 模传输线有两个主要特性参数:特性阻抗 Z_c 和沿线传输相速 v_p,它们可用微带的分布电容表示为

$$Z_c = \sqrt{\frac{L}{C}} = \frac{1}{v_p C}, v_p = \frac{1}{\sqrt{LC}} \qquad (2.1.5)$$

式中,L、C 分别为微带的单位长度电感和电容,如果没有充填介质材料,则有

$$Z_0 = \sqrt{\frac{L}{C_0}} = \frac{1}{cC_0}, c = \frac{1}{\sqrt{LC_0}} \qquad (2.1.6)$$

式中,C_0 是空气微带的单位长度电容;c 是自由空间光速。

由式(2.1.5)和式(2.1.6)可定义等效相对介电常数为

$$\varepsilon_e = \frac{C}{C_0} = \left(\frac{c}{v_p}\right)^2 \qquad (2.1.7)$$

ε_e 实质上就是用某一均匀介质充填全部空间而微带分布电容不变时,该介质的相对介电常数,此时有

$$Z_c = \frac{Z_0}{\sqrt{\varepsilon_e}}, \quad \lambda_m = \frac{\lambda_0}{\sqrt{\varepsilon_e}}, \quad \beta = \frac{2\pi}{\lambda_m} = k_0\sqrt{\varepsilon_e} \quad (2.1.8)$$

λ_m、β 分别为微带线上波长和相位常数;λ_0、k_0 分别为自由空间波长和相位常数,$k_0 = 2\pi/\lambda_0$,显然

$$\varepsilon_e = 1 + q(\varepsilon_r - 1) \qquad (2.1.9)$$

q 称为充填因子,空气时 $q = 0$,全部充填时 $q = 1$,故 $0 \leqslant q \leqslant 1$。施奈德(M. V. Schneider)已得出 ε_e 的一个简单经验公式:

14

$$\varepsilon_\mathrm{e} = \frac{1}{2}\Big[\varepsilon_\mathrm{r} + 1 + (\varepsilon_\mathrm{r} - 1)\Big(1 + \frac{10h}{w}\Big)^{-1/2}\Big] \quad (2.1.10)$$

惠勒(H. A. Wheeler)给出 Z_c 的计算公式为

$$\left\{
\begin{aligned}
Z_\mathrm{c} &= \frac{377}{\sqrt{\varepsilon_\mathrm{r}}}\Big\{\frac{w}{h} + 0.883 + 0.165\,\frac{\varepsilon_\mathrm{r} - 1}{\varepsilon_\mathrm{r}^2} + \frac{\varepsilon_\mathrm{r} + 1}{\pi\varepsilon_\mathrm{r}} \\
&\quad \Big[\ln\Big(\frac{w}{h} + 1.88\Big) + 0.758\Big]\Big\}^{-1}, w/h > 1 \\
Z_\mathrm{c} &= \frac{120}{\sqrt{2(\varepsilon_\mathrm{r} + 1)}}\Big[\ln\frac{8h}{w} + \frac{1}{32}\Big(\frac{w}{h}\Big)^2 - \frac{\varepsilon_\mathrm{r} - 1}{\varepsilon_\mathrm{r} + 1} \\
&\quad \Big(0.2258 + \frac{0.1208}{\varepsilon_\mathrm{r}}\Big)\Big], w/h \leqslant 1
\end{aligned}
\right.$$

$$(2.1.11)$$

表 2 - 1 给出对 $\varepsilon_\mathrm{r} = 2.55$ 计算的一组数据;不同 ε_r 值的特性阻抗曲线如图 2 - 5 所示,可见, Z 随 w/h 增大而减小。

表 2 - 1　$\varepsilon_\mathrm{r} = 2.55$ 时微带的等效介电常数和特性阻抗

w/h	ε_e	Z_c/Ω	w/h	ε_e	Z_c/Ω
0.050 0	1.829 7	224.944 6	2.550 0	2.124 3	53.311 2
0.100 0	1.852 1	193.052 6	2.600 0	2.127 0	52.656 1
0.150 0	1.869 2	174.404 9	2.650 0	2.129 7	52.017 1
0.200 0	1.883 5	161.198 1	2.700 0	2.132 3	51.393 6
0.250 0	1.896 0	150.980 4	2.750 0	2.134 9	50.785 0
0.300 0	1.907 3	142.657 7	2.800 0	2.137 5	50.190 9
0.350 0	1.917 5	135.645 8	2.850 0	2.140 0	49.610 7
0.400 0	1.927 0	129.595 3	2.900 0	2.142 5	49.044 0
0.450 0	1.935 8	124.281 1	2.950 0	2.144 9	48.490 3
0.500 0	1.944 1	119.548 7	3.000 0	2.147 3	47.949 2
0.550 0	1.952 0	115.288 5	3.050 0	2.149 7	47.420 3
0.600 0	1.959 4	111.419 2	3.100 0	2.152 0	46.903 1
0.650 0	1.966 5	107.879 0	3.150 0	2.154 3	46.397 3

w/h	ε_e	Z_c/Ω	w/h	ε_e	Z_c/Ω
0.700 0	1.973 2	104.619 9	3.200 0	2.156 6	45.902 5
0.750 0	1.979 7	101.603 7	3.250 0	2.158 8	45.418 5
0.800 0	1.985 9	98.799 9	3.300 0	2.161 0	44.944 7
0.850 0	1.991 9	96.183 3	3.350 0	2.163 2	44.481 0
0.900 0	1.997 7	93.732 9	3.400 0	2.165 4	44.027 0
0.950 0	2.003 3	91.431 3	3.450 0	2.167 5	43.582 4
1.000 0	2.008 7	89.263 8	3.500 0	2.169 6	43.147 0
1.050 0	2.013 9	87.002 0	3.550 0	2.171 7	42.720 4
1.100 0	2.019 0	84.969 7	3.600 0	2.173 7	42.302 4
1.150 0	2.023 9	83.071 8	3.650 0	2.175 8	41.892 8
1.200 0	2.028 7	81.291 6	3.700 0	2.177 8	41.491 3
1.250 0	2.033 3	79.614 9	3.750 0	2.179 7	41.097 6
1.300 0	2.037 9	78.030 1	3.800 0	2.181 7	40.711 6
1.350 0	2.042 3	76.527 0	3.850 0	2.183 6	40.333 0
1.400 0	2.046 6	75.097 3	3.900 0	2.185 5	39.961 6
1.450 0	2.050 8	73.733 6	3.950 0	2.187 4	39.597 3
1.500 0	2.054 9	72.429 7	4.000 0	2.189 3	39.239 7
1.550 0	2.058 9	71.180 2	4.050 0	2.191 1	38.888 8
1.600 0	2.062 8	69.980 6	4.100 0	2.192 9	38.544 3
1.650 0	2.066 7	68.826 8	4.150 0	2.194 7	38.206 1
1.700 0	2.070 4	67.715 4	4.200 0	2.196 5	37.874 0
1.750 0	2.074 1	66.643 2	4.250 0	2.198 2	37.547 9
1.800 0	2.077 7	65.607 6	4.300 0	2.200 0	37.227 5
1.850 0	2.081 2	64.606 3	4.350 0	2.201 7	36.912 8
1.900 0	2.084 7	63.637 1	4.400 0	2.203 4	36.603 5

w/h	ε_e	Z_c/Ω	w/h	ε_e	Z_c/Ω
1.950 0	2.088 1	62.698 2	4.450 0	2.205 1	36.299 6
2.000 0	2.091 4	61.788 0	4.500 0	2.206 7	36.000 9
2.050 0	2.094 7	60.904 8	4.550 0	2.208 4	35.707 2
2.100 0	2.097 9	60.047 3	4.600 0	2.210 0	35.418 5
2.150 0	2.101 0	59.214 3	4.650 0	2.211 6	35.134 7
2.200 0	2.104 1	58.404 7	4.700 0	2.213 2	34.855 5
2.250 0	2.107 1	57.617 3	4.750 0	2.214 8	34.580 9
2.300 0	2.110 1	56.851 3	4.800 0	2.216 4	34.310 7
2.350 0	2.113 1	56.105 6	4.850 0	2.217 9	34.045 0
2.400 0	2.116 0	55.379 6	4.900 0	2.219 4	33.783 4
2.450 0	2.118 8	54.672 3	4.950 0	2.220 9	33.526 1
2.500 0	2.121 6	53.983 1	5.000 0	2.222 4	33.274 2 8

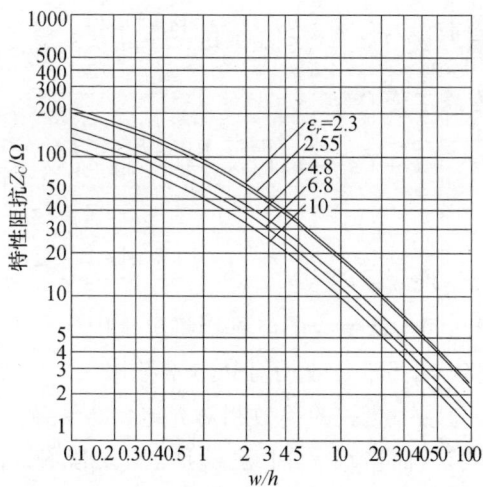

图 2-5　微带特性阻抗与 w/h 关系曲线

17

给定 Z_c，可用下列公式求得所需的宽度 w：

$$\begin{cases} \dfrac{w}{h} = \dfrac{2}{\pi}\left\{ R - 1 - \ln(2R-1) + \dfrac{\varepsilon_r - 1}{2\varepsilon_r}\Big[\ln(R-1) + 0.293 - \dfrac{0.517}{\varepsilon_r} \Big] \right\} \\[2mm] R = \dfrac{377\pi}{2Z_c\sqrt{\varepsilon_r}}, Z_c < (44 - 2\varepsilon_r)\Omega \\[2mm] \dfrac{w}{h} = \dfrac{8\exp H}{\exp(2H) - 2} \end{cases}$$

(2.1.12)

$$H = \dfrac{Z_c\sqrt{2(\varepsilon_r+1)}}{120} + \dfrac{\varepsilon_r - 1}{\varepsilon_r + 1}\Big(0.2258 + \dfrac{0.1208}{\varepsilon_r} \Big), Z_c \geqslant (44 - 2\varepsilon_r)\Omega$$

对于 $t/h \leqslant 0.005$、$2 \leqslant \varepsilon_r \leqslant 10$ 和 $0.1 \leqslant w/h \leqslant 5$ 的情况，导体带的厚度影响可以忽略。对于更厚的导体带，可用有效宽度 w' 代替式(2.1.11)中的 w 来得出 Z_c 的厚度修正值。w' 按下式计算：

$$\begin{cases} w' = w + \dfrac{1.25t}{\pi}\Big(1 + \ln\dfrac{2h}{t} \Big), \dfrac{w}{h} > \dfrac{1}{2\pi} \\[2mm] w' = w + \dfrac{1.25t}{\pi}\Big(1 + \ln\dfrac{4\pi w}{t} \Big), \dfrac{w}{h} \leqslant \dfrac{1}{2\pi} \end{cases}$$

(2.1.13)

ε_e 的厚度修正公式为

$$\varepsilon_e = \dfrac{1}{2}\Big[\varepsilon_r + 1 + (\varepsilon_r - 1)\Big(1 + \dfrac{10h}{w} \Big)^{-1/2} \Big] - \Big(\dfrac{\varepsilon_r - 1}{4.6} \Big)\dfrac{t/h}{\sqrt{w/h}}$$

(2.1.14)

3. 微带线的色散效应

当频率升高时，微带线的电磁场将更集中于介质基片内，因而波的相速将减小，即等效相对介电常数增大。显然，当频率 f 无限升高时，与频率相关的等效相对介电常数 ε_{ef} 趋近于基片的相对介电常数 ε_r，而当 $f \to 0$ 时，ε_{ef} 就是 ε_r。ε_{ef} 随频率的变化曲线如图 2-6 所示。

作为色散修正，格津杰(W. J. Getsinger)给出频率为 f(GHz)时

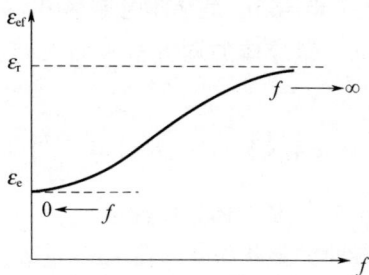

图 2-6　等效相对介电常数随频率变化曲线

的等效相对介电常数为：

$$
\begin{cases}
\varepsilon_{ef} = \varepsilon_r - \dfrac{\varepsilon_r - \varepsilon_e}{1 + G\left(\dfrac{f}{f_p}\right)^2} \\[4mm]
f_p(\mathrm{GHz}) = \dfrac{0.4Z_c}{h(\mathrm{mm})}, G = 0.6 + 0.009Z_c
\end{cases}
$$

$$(2.1.15)$$

特性阻抗也随频率变化。哈默斯塔德(E. Hammerstad)和詹森(O. Jensen)建议利用下式作为相应的特性阻抗修正值，即

$$
Z_{cf} = Z_c \frac{\varepsilon_{ef} - 1}{\varepsilon_e - 1}\sqrt{\frac{\varepsilon_e}{\varepsilon_{ef}}} \tag{2.1.16}
$$

在微带天线工程设计中一般都必须计入色散效应。上述公式可作为微带线和微带枝节的一阶近似的特性计算。

微带线的损耗主要包括介质损耗和导体损耗。故衰减常数 α 可近似表示为

$$
\alpha = \alpha_d + \alpha_c \tag{2.1.17}
$$

式中，α_d 和 α_c 分别为介质和导体损耗引起的衰减常数。设基片材料的损耗角正切为 $\tan\delta$，有

$$
\alpha_d = 27.3 \frac{\varepsilon_r}{\varepsilon_e}\frac{\varepsilon_e - 1}{\varepsilon_r - 1}\frac{\tan\delta}{\lambda_m}(\mathrm{dB/m}) \tag{2.1.18}
$$

$$
\alpha_c = 8.686 \frac{R_s}{wZ_c}(\mathrm{dB/m}), R_s = \sqrt{\frac{\pi f\mu_0}{\sigma_c}} \tag{2.1.19}
$$

19

式中，R_s 是导体表面电阻；σ_c 是导体电导率(铜为 $5.8 \times 10^7 \mathrm{S/m}$)，$\mu_0 = 4\pi \times 10^{-7}\mathrm{H/m}$。若导体的均方根表面误差为 Δs，则 α_c 的修正值为

$$\alpha'_c = \alpha_c \left[1 + \frac{2}{\pi} \tan^{-1} 1.4 \left(\frac{\Delta s}{\Delta c} \right)^2 \right] \qquad (2.1.20)$$

式中，$\Delta c = (\pi f \mu_0 \sigma_c)^{-1/2}$ 是导体集肤深度。

铜在几千兆赫时的集肤深度约在 $1\mu\mathrm{m}$ 量级。若 $\Delta s = 1\mu\mathrm{m}$，由上式得 $\alpha'_c \approx 1.6\alpha_c$。

对不同基片的微带线计算的导体和介质衰减如图 2-7 所示。可见，聚苯乙烯、氧化铝和蓝宝石等大多数基片上微带线的导体衰减都远大于介质衰减。但是对于硅和砷化镓等半导体基片，则介质衰减大为增大。图 2-7 也表明，这些损耗都随频率升高而迅速增大。

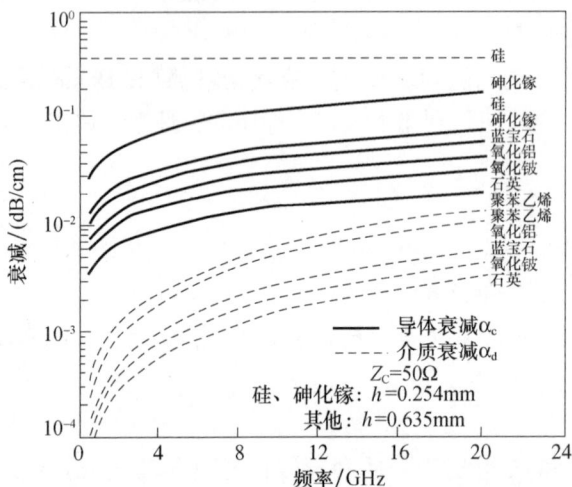

图 2-7　不同基片微带线的导体和介质衰减

由图 2-7 查得，当频率为 20GHz 时，聚苯乙烯基片的 50Ω 微带线，$\alpha_c = 0.02\mathrm{dB/cm}$，$\alpha_d = 0.012\mathrm{dB/cm}$，故 $\alpha = 0.032\mathrm{dB/cm} = 0.021\mathrm{dB}/\lambda_0$，实际上还应计入辐射和表面波损耗。若频率高于下

20

式,则微带线的辐射将变得严重:

$$f = \frac{2.14 \varepsilon_r^{0.25}}{h} (GHz)$$

聚四氟乙烯玻璃纤维一类微带线在 30GHz ~ 100GHz 频率时的衰减可达$(0.1 ~ 0.2) dB/\lambda_0$。因此,在毫米波应用中,微带线损耗就使普通形式微带天线阵的效率限于 25% ~ 60% 量级。

4. 微带线的功率容量

由介质和导体损耗所引起的温度上升限制了微带线的平均功率容量,而微带线的峰值功率容量受其导带与接地板间的击穿所限制。

微带线的最大平均功率为

$$P_{av} = \frac{(T_{max} - T_0)}{\Delta T} \qquad (2.1.21)$$

式中,T_{max} 是最高工作温度,即基片的电和物理特性可视为不变时的最高温度;T_0 是环境温度;ΔT 是每瓦功率的温升。巴尔和格普塔(K. C. Gupta)已导出 ΔT 的一个计算公式如下:

$$\Delta T = \frac{0.2303h}{K} \left(\frac{\alpha_c}{w'_e} + \frac{\alpha_d}{w'_{ef}} \right) (^0 C/W) \qquad (2.1.22)$$

式中,K 是基片的热导率;w'_{ef} 是微带线的平行板波导模型(其中电场均匀分布)的等效宽:

$$w'_{ef} = w + \frac{w'_e - w}{1 + (f/f_p)^2} \qquad (2.1.23)$$

$$w'_e = \frac{377h}{Z_c \sqrt{\varepsilon_e}} \qquad (2.1.24)$$

f_p 与式(2.1.15)同。w'_e 仍利用式(2.1.24)计算,但在计算 Z_c 和 ε_e 时,要用基片与空气的热导率比 K/K_0 来代替 ε_r(这里基于热流量场与电场分布的相似性来计算由导体损耗引起的温升)。

取 $T_{max} = 100℃$,$T_0 = 25℃$,对不同基片上的 50Ω 微带线计算的平均功率容量如表 2-2 所列。值得说明,聚苯乙烯基片的最高工作温度仅为 100℃ ,而表中其他材料的最高工作温度都远高于

100℃,对于常见的氧化铝和聚四氟乙烯玻璃纤维基片,其微带电路已有在150℃下正常工作约1000小时的记录。由表可见,对于氧化铝基片,50Ω微带线在10 GHz时可工作于约5.17kW的连续波功率。基片的热导率越大,损耗角正切越小,则微带线的平均功率容量越大。

表2-2 不同基片的平均功率容量

基片材料	ε_r	$\tan\delta$ /(10GHz)	K /(W/cm/℃)	耐压强度 /(kV/cm)	最大平均功率/kW		
					2GHz	10GHz	20GHz
聚苯乙烯	2.53	4.7×10^{-4}	0.0015	280	0.321	0.124	0.075
石英	3.8	10^{-4}	0.01	10^4	1.20	0.523	0.357
硅	11.7	50×10^{-4}	0.9	300	3.19	2.23	1.64
砷化镓	12.3	16×10^{-4}	0.3	350	3.55	1.47	0.934
蓝宝石	11.7	10^{-4}	0.4	4×10^3	11.65	5.10	3.46
氧化铝	9.7	2×10^{-4}	0.3	4×10^3	12.12	5.17	3.40
氧化铍	6.6	10^{-4}	2.5	—	174.5	75.7	51.5
空气	1.0	~0	0.00024	30	—	—	—

若微带线能承受(不致引起介质击穿)的最高电压为V_{max},其特性阻抗为Z_c,则最大峰值功率为

$$P_p = \frac{V_{max}^2}{2Z_c} \qquad (2.1.25)$$

表2-2已列出几种基片材料的耐压强度(即击穿电场强度),其中石英的耐压强度最高,而聚苯乙烯最低。对于同样的耐压强度,微带线特性阻抗越低和基片越厚,则峰值功率容量越大。

若导带边沿很尖锐,将引起电场的集中,从而导致峰值功率容量下降。在许多情况下,微带接头和激励装置决定着微带线承受峰值功率的能力。例如,3mm微型接头和过渡段就比微带线本身更易击穿。此外,微带线的阻抗失配将导致高的驻波电压,从而降低峰值功率容量。H. Howe,Jr报告过,微带线在S频段已成功地工作到10kW,而在X频段已工作到4kW。

5. 微带线的相速及工作波长

由于微带传输线是具有混合介质的传输线,因此,它的相速度为

$$v_{\text{p}} = \frac{v_0}{\sqrt{\varepsilon_{\text{re}}}} \qquad (2.1.26)$$

式中,v_0 为自由空间中电磁波的速度;ε_{re} 为相对有效介电常数。

微带传输线的工作波长 λ_{g} 为

$$\lambda_{\text{g}} = \frac{\lambda_0}{\sqrt{\varepsilon_{\text{re}}}} \qquad (2.1.27)$$

式中,λ_0 为自由空间中的波长。

2.1.3 微带线的损耗及尺寸选择

1. 微带线损耗

微带线中的损耗包括导体损耗、介质损耗和辐射损耗三部分。若微带线的尺寸选择适当,频率不很高,则辐射损耗很小,一般可忽略不计。因此,表征微带线损耗的衰减常数 α 可写为

$$\alpha = \alpha_{\text{c}} + \alpha_{\text{d}} \qquad (2.1.28)$$

式中,α_{c} 为导体的衰减常数;α_{d} 为介质的衰减常数。

对于 α_{c},由于电流在导体带和接地板的横截面内的分布是不均匀的,所以 α_{c} 的计算是较繁琐的。略去推导过程,只把结果列在下面。

若导体带和接地板具有相同的表面电阻率 R_{s} 时,则 $\alpha_{\text{c}}/(\text{dB} \cdot \text{cm}^{-1})$ 可用下列公式求出。

当 $\omega/h \leqslant \dfrac{1}{2\pi}$ 时,有

$$\frac{\alpha_{\text{c}} Z_{\text{c}} h}{R_{\text{s}}} = \frac{8.68}{2\pi} \left[1 - \left(\frac{\omega_{\text{e}}}{4h} \right)^2 \right] \left[1 + \frac{h}{\omega_{\text{e}}} + \frac{h}{\pi \omega_{\text{e}}} \left(\ln \frac{4\pi \omega}{t} + \frac{t}{\omega} \right) \right]$$

$$(2.1.29\text{a})$$

当 $\dfrac{1}{2\pi} < \omega/h \leqslant 2$ 时,有

$$\frac{\alpha_c Z_c h}{R_s} = \frac{8.68}{2\pi}\Big[1 - \Big(\frac{\omega_e}{4h}\Big)^2\Big]\Big[1 + \frac{h}{\omega_e} + \frac{h}{\pi\omega_e}\Big(\ln\frac{2h}{t} - \frac{t}{h}\Big)\Big]$$

$$(2.1.29b)$$

当 $\omega/h \geqslant 2$ 时,有

$$\frac{\alpha_c Z_c h}{R_s} = \frac{8.68}{\Big\{\frac{\omega_e}{h} + \frac{2}{\pi}\ln\Big[2\pi e\Big(\frac{\omega_e}{2h} + 0.94\Big)\Big]\Big\}^2}$$

$$\Big[\frac{\omega_e}{h} + \frac{\omega_3 e/\pi h}{\frac{\omega_e}{2h} + 0.94}\Big] \times \Big[1 + \frac{h}{\omega_e} + \frac{h}{\pi\omega_e}\Big(\ln\frac{2h}{t} - \frac{t}{h}\Big)\Big]$$

$$(2.1.29c)$$

在以上各式中,w 为导体带厚度 $t \neq 0$ 时的实际宽度,w_e 为 $t \neq 0$ 时导体带的有效宽度。

对于微带传输线的介质损耗常数 α_d 可用下式求得,即

$$\alpha_d = 27.3\Big(\frac{q\varepsilon_r}{\varepsilon_{re}}\Big)\frac{\tan\delta}{\lambda_g}\mathrm{dB/cm} \qquad (2.1.30)$$

式中,λ_g 以 cm 计。

2. 微带线尺寸选择

当频率升高、微带线的尺寸与波长可比拟时,就可能出现高次模:波导模和表面波模。波导模是存在于导体带与接地板之间的一种模式,包括 TE 和 TM 两种模式,TE 模中的最低次模为 TE_{10} 模,它的场结构如图 2-8(a)所示。由图可知,电场只有横向(y 方向)的分量,磁场既有横向(x 方向),又有纵向(z 方向)的分量,但电场和磁场沿 y 方向均无变化,而沿 x 方向场有半个驻波的分布。

TE_{10} 模的截止波长为

$$\lambda_c \approx 2\omega\sqrt{\varepsilon_r} \qquad (2.1.31a)$$

当导体带厚度 $t \neq 0$ 时,由于边缘效应的影响,相当于导体带的有效宽度增加了 $\Delta w \approx 0.8h$,所以 λ_c 为

$$\lambda_c \approx (2\omega + 0.8h)\sqrt{\varepsilon_r} \qquad (2.1.31b)$$

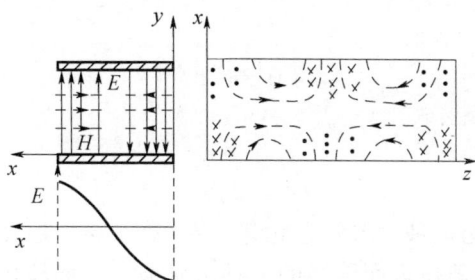

(a) TE$_{10}$模

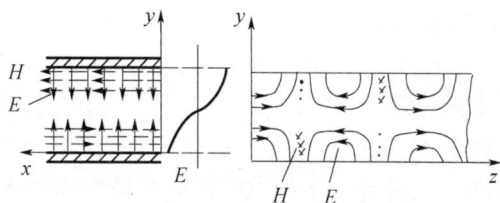

(b) TM$_{01}$模

图 2 - 8　微带线中的波导模

为防止出现 TE$_{10}$模,则最短的工作波长 $\lambda_{\min}$ 应大于 λ_c,即

$$\lambda_{\min} > (2\omega + 0.8h) \sqrt{\varepsilon_r} \qquad (2.1.32)$$

当 w 较宽时易出现 TE$_{10}$模式,若 $w = h$ 时还可能出现 TE$_{01}$ 模式。

TM 模中的最低次模为 TM$_{01}$模,它的场结构如图 2 – 8(b)所示。由图可见,磁场只有横向分量,而电场既有横向分量,又有纵向分量。电场和磁场沿 x 方向不变化,而沿 y 方向则有半个驻波的分布。TM$_{01}$的截止波长 λ_c 为

$$\lambda_c \approx 2h \sqrt{\varepsilon_r} \qquad (2.1.33)$$

因此最短的工作波长 $\lambda_{\min}$ 应大于 λ_c,以防止出现 TM$_{01}$模,即

$$\lambda_{\min} > 2h \sqrt{\varepsilon_r} \qquad (2.1.34)$$

由上面的分析可知,为防止波导模的出现,微带线的尺寸应按

下式选择,即

$$2\omega + 0.8h < \frac{\lambda_{\min}}{\sqrt{\varepsilon_r}} \qquad (2.1.35a)$$

$$h < \frac{\lambda_{\min}}{2\sqrt{\varepsilon_r}} \qquad (2.1.35b)$$

表面波是一种大部分能量集中在微带线接地板表面附近的介质中、并沿接地板表面传播的一种电磁波。表面波也有 TE 模和 TM 模。TE 模的电场只分布在微带线的横截面内(即 xy 平面内,x 为横向坐标,y 为纵向坐标),且只有 E_x 一个分量,磁场则只有 H_y 和 H_z 两个分量;TM 模的磁场只分布在横截面内,且只有 H_x 一个分量,电场则只有 E_y 和 E_z 两个分量。对于这两种模式,均假定它们的场量在 x 方向是不变化的(均匀的),而只是在 y 方向有变化,因此,模的下标只有一个数字,例如 TE_0,TE_1,TE_2,TE_3,$\cdots$;TM_0,TM_1,TM_2,TM_3,$\cdots$;等等。下标"0"表示在微带线的横截面内,场量沿 x 方向的驻波分布不足一个(或者说有零个)完整的"半个驻波",但有一个最大值;"1"表示场量沿 y 方向的驻波分布不足两个(或者说只有一个)完整的"半个驻波",但有两个最大值;当下标为 2,3,$\cdots$ 等数字时,可依次类推。图 2 – 9 是 TM_0 模的场结构图。

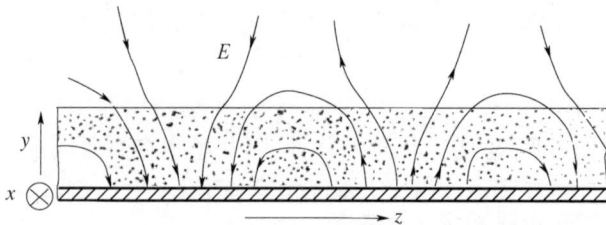

图 2 – 9 TM_0 模的场结构图

表面波中最低次的 TE 模为 TE_0,它的截止波长为

$$\lambda_c = 4h\sqrt{\varepsilon_r - 1} \qquad (2.1.36)$$

最低次的 TM 模为 TM_0,它的截止波长为

$$\lambda_c = \infty \qquad (2.1.37)$$

在选择微带线的尺寸时,可设法抑制 TE 模的出现;对于 TM 模,因其在任何频率上都有可能出现,因此,靠尺寸选择是抑制不掉的。但是在微带线的实际应用中,只有当表面波的相速度与准 TEM 模的相速度(两者均介于 v_0 与 $v_0/\sqrt{\varepsilon_r}$ 之间)相同时,这两类模之间才会产生强耦合,从而有可能使微带线不再工作于准 TEM 模,使工作状况变坏。

当频率为

$$f_{\mathrm{TE}} = \frac{3v_0\sqrt{2}}{8h\sqrt{\varepsilon_r - 1}} \qquad (2.1.38)$$

时,TE 模与准 TEM 模的相速度相同,两者之间发生强耦合。当频率为

$$f_{\mathrm{TM}} \approx \frac{v_0\sqrt{2}}{4h\sqrt{\varepsilon_r - 1}} \qquad (2.1.39)$$

时,TM 模与准 TEM 模的相速度相同,两者之间发生强耦合。式中的 v_0 为自由空间中电磁波的速度。在微带线的设计时,为了避免准 TEM 模与表面波模之间的强耦合,工作频率应低于 f_{TE} 和 f_{TM} 两者中的较低者;若工作频率较高时,可采用 ε_r 较小的介质材料,以及较小的 h,借以提高 f_{TE} 和 f_{TM},从而达到避免强耦合的目的。

2.2 微带天线基本原理与计算分析

2.2.1 微带天线的定义及结构

1. 微带天线的定义

我们知道,微带天线是在带有导体接地板的介质基片上敷金属导体(一般为铜或金)薄片而形成的天线,它利用微带线或同轴线等分式馈电,在导体贴片与接地板之间激励起射频电磁场,并通

过贴片四周与接地板之间的缝隙向外辐射。因此,微带天线也可看作为一种缝隙天线[10]。通常介质基片的厚度与波长相比是很小的,因而它实现了一维小型化,属于电小天线的一类。

2. 微带天线的结构

如图 2 – 10 所示,结构最简单的微带天线是由贴在带有金属地板的介质基片($\varepsilon_r \leqslant 10$)上的辐射贴片所构成的。贴片导体通常是铜和金,它可取任意形状。但是,通常采用常规的形状以简化分析和预测其性能。基片的介电常数应较低($\varepsilon_r \approx 2.5$),这样可增强产生辐射的边缘场。但是,其他的性能则要求使用介电常数大于5 的基片材料。目前已制成了介电常数范围较大和损耗角正切低的各种类型的基片。此外,还可利用韧性基片以制造简单的共形卷绕天线。

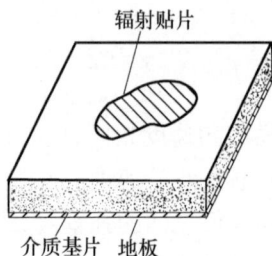

图 2 – 10 微带天线结构示意图

3. 分类

微带天线中的导体贴片一般是规则形状的面积单元,如矩形、圆形或圆环形薄片等,也可以是窄长条形的薄片振子,由这两种单元形成的微带天线分别称为微带贴片天线和微带振子天线,如图2 – 11(a)和(b)所示;微带天线的另外两种形式是微带线型天线和微带缝隙天线,如图 2 – 11(c)和(d)所示。

2.2.2 微带天线辐射机理及辐射场

1. 微带天线辐射机理

微带天线的辐射是由微带天线导体边沿和地板之间的边缘场

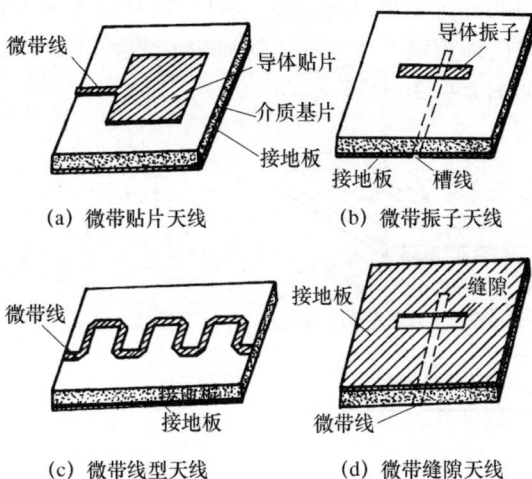

(a) 微带贴片天线　　　　　　(b) 微带振子天线

(c) 微带线型天线　　　　　　(d) 微带缝隙天线

图 2 – 11　微带天线形式

产生的。开路微带线的辐射机理已在文献[11 – 17]中作了详细论述。Lewin 对微带不连续性的辐射首次作了研究,他的分析是基于导体中流动的电流进行的。这个方法也可用来计算辐射对于微带谐振器品质因数的影响。这个分析是以微带开路端和地板所构成的口径场为基础。按此分析,辐射对于总品质因数的影响可描述为谐振器尺寸、工作频率、相对介电常数及基片厚度的函数。理论和实验结果表明,在高频时,辐射损耗远大于导体和介质的损耗。还证明,在用厚的而介电常数低的基片时,开路微带线的辐射更强。

　　微带天线的辐射可以用图 2 – 12(a)所示的简单情况来说明。这是一个矩形微带贴片,与地板相距几分之一波长。假定电场沿微带结构的宽度与厚度方向没有变化,则辐射器的电场结构可由图 2 – 12(b)表示,电场仅沿约为半波长($\lambda/2$)的贴片长度方向变化。辐射基本上是由贴片开路边沿的边缘场引起的。在两端的场相对于地板可以分解为法向分量和切向分量,因为贴片长为 $\lambda/2$,所以,法向分量反相,由它们产生的远区场在正面方向上互相抵消。平行于地板的切向分量同相,因此,合成场增强,从而使垂直

29

于结构表面的方向上辐射场最强。所以,贴片可表示为相距 $\lambda/2$、同相激励并向地板以上半空间辐射的两个缝隙(图 2 – 12(c)),缝隙的辐射如图 2 – 12(d)所示。

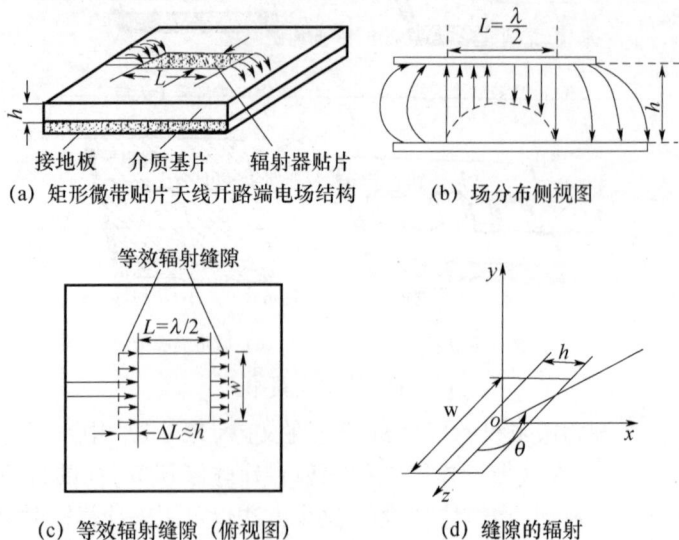

接地板　介质基片　辐射器贴片
(a) 矩形微带贴片天线开路端电场结构

(b) 场分布侧视图

等效辐射缝隙

$L=\lambda/2$

$\Delta L \approx h$

(c) 等效辐射缝隙(俯视图)

(d) 缝隙的辐射

图 2 – 12　矩形微带贴片天线辐射机理示意图

也可以考虑电场沿贴片宽度的变化。这时,微带贴片天线可以用贴片周围的四个缝隙来表示。同样,其他微带天线结构也可用等效的缝隙来表示。

2. 微带天线的辐射场

1) 辐射场的几种表示法

微带天线的辐射场可以由各种假定的电流及其沿天线结构的分布来得出。产生相同远区场的三种电流源的表示法如图 2 – 13 所示[18]。在图 2 – 13(a)中既考虑了面电流也考虑了面磁流,远区场也可以由图 2 – 13(b)所示的单独的面磁流 M 加上理想导电体条件来计算(切向电流密度在远区产生的合成场为 0),或者由图 2 – 13(c)所示的单独的面电流 K 加上理想导磁体条件来计算。

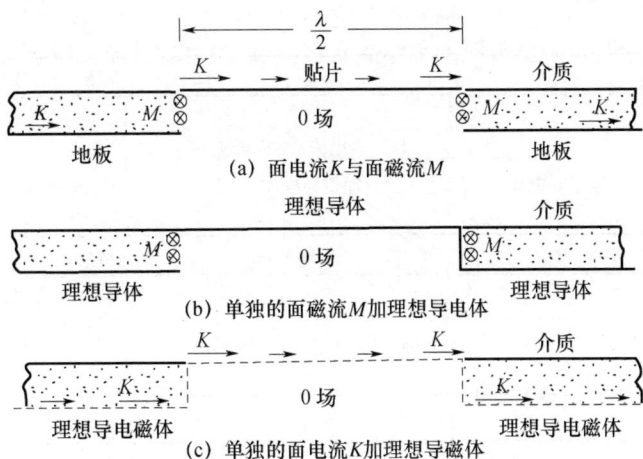

（a）面电流 K 与面磁流 M

（b）单独的面磁流 M 加理想导电体

（c）单独的面电流 K 加理想导磁体

图 2-13　表示产生相同远区场的三种面电流源

　　例如,后一情况的表示法可根据边界条件:

$$\begin{cases} E \times n = 0 \\ n \times H = K \end{cases} \quad \text{在贴片和地板上}$$

来证明。式中, n 为表面法向单位矢量, E 和 H 分别为微带天线内的切向电场和磁场。另一种等效面电流源表示在图 2-14（a）~ 2-14（c）中。这些源在贴片以上的半空间也产生远区场,在地板以下半空间产生零场。在图 2-14（a）中,既考虑了面电流也考虑了面磁流。它等效于用单独的面磁流加上理想导电体,如图 2-14（b）所示。图 2-14（c）给出另一种等效,它应用镜像原理,移去理想导体面将面磁流密度加倍。本来应该相对于地板取镜像,但因 $h \leqslant \lambda_0$,所以在图 2-14（c）中是相对于基片上表面取镜像。在这里,假定地板为无限大。实际上,地板的尺寸通常是几个波长,因此,无限大地板的假定对计算远场辐射方向图是正确的。然而在靠近地板的区域内必须考虑边缘绕射效应。

　　在上述的六种情况中,为了精确地求出远场值,就必须知道精确的电流分布。如果介质材料各向同性、均匀且无损耗,微带导体和地板导体的电导率为无限大,则面电流和面磁流可以分别用切

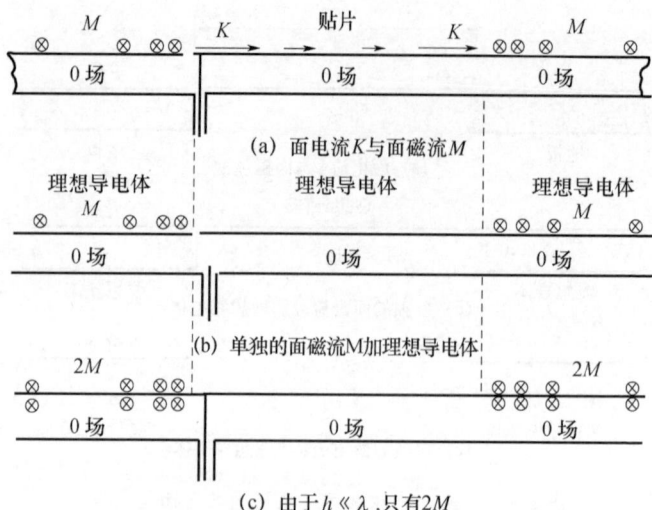

图 2-14　表示产生相同远区场的另一种三个等效面电流源

向电场和切向磁场表示为

$$\begin{cases} \boldsymbol{K} = \boldsymbol{n} \times \boldsymbol{H} & (2.2.1) \\ \boldsymbol{M} = \boldsymbol{E} \times \boldsymbol{n} & (2.2.2) \end{cases}$$

式中,$\boldsymbol{n}$ 为表面法向单位矢量。式(2.2.1)和式(2.2.2)是微带天线内的场同面电流和面磁流之间的关系,如图 2-15 所示。在实际的应用中,为简单起见,可以认为贴片单元上、下表面的面电流和面磁流相同。位函数提供了由面电流和面磁流求解辐射场的最简单方法。

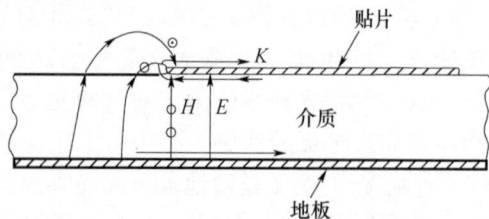

图 2-15　在微带天线辐射边沿的场和电流密度

32

2）任意电流源的远区场

假定只有电流存在,则微带天线外部任意点 $P(\gamma,\theta,\Phi)$ 的电场和磁场为

$$E^{e}(r) = \frac{-j}{\omega\mu\varepsilon}\nabla(\nabla\cdot A) - j\omega A \qquad (2.2.3)$$

$$H^{e}(r) = \frac{1}{\mu}\nabla\times A \qquad (2.2.4)$$

式中,ε 为介质的介电常数;μ 为导磁率;上标 e 表示由电流产生的场;ω 是角频率;A 为磁矢量位且由下式给出:

$$A = \frac{\mu}{4\pi}\iint\limits_{s} K(r')\frac{e^{-jk_{\theta}\mid \bar{r} - \bar{r}'\mid}}{\mid \bar{r} - \bar{r}'\mid}dS \qquad (2.2.5)$$

式中,κ_{θ} 是自由空间波数;$K(r')$ 是距离原点为 r' 的点上的面电流密度,如图 2-16(a) 所示。和大多数文献一样,带撇的坐标表示源点位置,而不带撇的坐标表示场点位置。

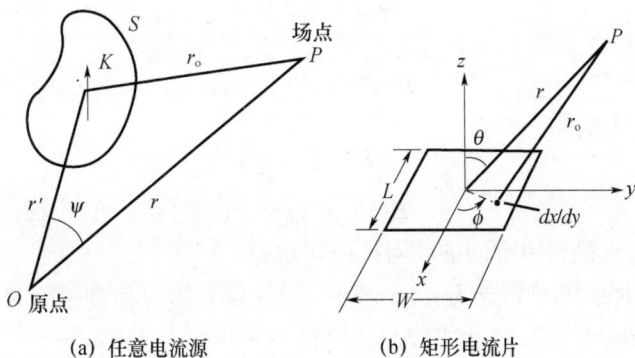

(a) 任意电流源 　　　　　　(b) 矩形电流片

图 2-16　微带天线外部任意点 P 电磁场表示

同样,使用电矢量位 F,磁流产生的场可以写为

$$E^{m}(r) = -\frac{1}{\varepsilon}\nabla\times F \qquad (2.2.6)$$

$$H^{m}(r) = \frac{-j}{\omega\mu\varepsilon}\nabla(\nabla\cdot F) - j\omega F \qquad (2.2.7)$$

式中,上标 m 表示磁流产生的场,电矢量位为

$$F = \frac{\varepsilon}{4\pi} \iint\limits_{S'} M(r') \frac{\mathrm{e}^{-\mathrm{j}k_0 \mid \bar{r} - \bar{r}' \mid}}{\mid \bar{r} - \bar{r}' \mid} \mathrm{d}s' \qquad (2.2.8)$$

为简单起见,所有场和电流的时间因子 $\mathrm{e}^{j\omega t}$ 均略去。总场为

$$E(r) = E^{\mathrm{e}} + E^{\mathrm{m}} = \frac{-\mathrm{j}}{\omega\mu\varepsilon} \nabla(\nabla \cdot A) - \mathrm{j}\omega A - \frac{1}{\varepsilon} \nabla \times F$$

$$(2.2.9)$$

$$H(r) = H^{\mathrm{e}} + H^{\mathrm{m}} = \frac{1}{\mu} \nabla \times A - \frac{\mathrm{j}}{\omega\mu\varepsilon} \nabla(\nabla \cdot F) - \mathrm{j}\omega F$$

$$(2.2.10)$$

电矢量位和磁矢量位都是下列波动方程的解

$$\nabla^2 \left(\frac{A}{F} \right) + \omega^2 \mu\varepsilon \left(\frac{A}{F} \right) = 0 \qquad (2.2.11)$$

在远场中,有意义的场分量只是相对于传播方向的横向分量。只考虑电流时,式(2.2.9)可写为

$$E(r) = -\mathrm{j}wA \qquad (2.2.12)$$

而在自由空间中

$$H(r) = E(r)/\eta_0 \qquad (2.2.13)$$

只考虑磁流时

$$H(r) = -\mathrm{j}wF \qquad (2.2.14)$$

$$E(r) = \eta_0 H(r) \qquad (2.2.15)$$

式中,η_0 是自由空间的波阻抗(120πΩ)。

对远区可划定为 $r \gg r'$ 或 $r \geqslant 2L^2/\lambda$(L 为口径的最大尺寸)。于是由式(2.2.5)和式(2.2.12)得

$$E(r) = -\mathrm{j}\frac{\omega\mu}{4\pi} \times \frac{\mathrm{e}^{-\mathrm{j}k_0 r}}{r} \times \iint\limits_{S} K(r') \mathrm{e}^{\mathrm{j}k_0 r'} \cos\psi \mathrm{d}s' \quad (2.2.16)$$

由式(2.2.8)和式(2.2.14)得

$$H(r) = -\mathrm{j}\frac{\omega\varepsilon}{4\pi} \times \frac{\mathrm{e}^{-\mathrm{j}k_0 r}}{r} \times \iint\limits_{S} M(r') \mathrm{e}^{\mathrm{j}k_0 r'} \cos\psi \mathrm{d}s' \quad (2.2.17)$$

式中,ψ 为 r 和 r' 方向之间的夹角。

3)矩形源的远区场

考虑二维的矩形电流片和坐标系如图 2 – 16(b)所示。远区

磁矢量位的表示式为

$$\boldsymbol{A} = \frac{\mu}{4\pi} \times \frac{\mathrm{e}^{-jk_0r}}{r} \times \int_{-L/2}^{L/2} \int_{-W/2}^{W/2} \boldsymbol{K}(x,y) \mathrm{e}^{jk_0(x\sin\theta\cos\phi + y\sin\theta\sin\phi)} \mathrm{d}x\mathrm{d}y$$

$$(2.2.18)$$

式中,L 和 W 为电流片的长和宽。

如果 $\boldsymbol{K}(x,y) = K_x(x,y)\boldsymbol{x} + K_y(x,y)\boldsymbol{y}$,式中 $\boldsymbol{x}$ 和 $\boldsymbol{y}$ 分别为 x 和 y 方向的单位矢量,则

$$\boldsymbol{A} = \frac{\mu}{4\pi} \times \frac{\mathrm{e}^{-jk_0r}}{r} \times \int_{-L/2}^{L/2} \int_{-W/2}^{W/2} (K_x(x,y)\boldsymbol{x} + K_y(x,y)\boldsymbol{y}) \mathrm{e}^{jk_0(x\sin\theta\cos\phi + y\sin\theta\sin\phi)} \mathrm{d}x\mathrm{d}y$$

$$(2.2.19)$$

磁矢量的分量为

$$A_x = \frac{\mu}{4\pi} \times \frac{\mathrm{e}^{-jk_0r}}{r} \times \int_{-L/2}^{L/2} \int_{-W/2}^{W/2} (K_x(x,y)) \mathrm{e}^{jk_0(x\sin\theta\cos\phi + y\sin\theta\sin\phi)} \mathrm{d}x\mathrm{d}y$$

$$(2.2.20a)$$

$$A_y = \frac{\mu}{4\pi} \times \frac{\mathrm{e}^{-jk_0r}}{r} \times \int_{-L/2}^{L/2} \int_{-W/2}^{W/2} (K_y(x,y)) \mathrm{e}^{jk_0(x\sin\theta\cos\phi + y\sin\theta\sin\phi)} \mathrm{d}x\mathrm{d}y$$

$$(2.2.20b)$$

对于任意矢量 $\boldsymbol{T}$,由直角坐标到球坐标的转换可由下面矩阵得到

$$\begin{bmatrix} T_r \\ T_\theta \\ T_\phi \end{bmatrix} = \begin{bmatrix} \sin\theta\cos\phi & \sin\theta\cos\phi & \cos\theta \\ \cos\theta\cos\phi & \cos\theta\sin\phi & -\sin\theta \\ -\sin\phi & \cos\phi & 0 \end{bmatrix} \begin{bmatrix} T_x \\ T_y \\ T_z \end{bmatrix} \quad (2.2.21)$$

因此,由式(2.2.20)和式(2.2.21)可得到用 A_x 和 A_y 表示的电场表示式

$$E_\theta = -j\omega A_x\cos\theta\cos\phi - j\omega A_y\cos\theta\sin\phi \quad (2.2.22a)$$

$$E_\phi = j\omega A_x\sin\phi - j\omega A_y\cos\theta \quad (2.2.22b)$$

可用类似的表示式由电矢量位 F_x 和 F_y 来表示磁场。

2.2.3 微带天线的计算

根据 2.2.2 节的分析,求得微带天线的辐射场,则其增益、波

35

瓣宽度、带宽等根据定义都能很容易求出。但是,天线的其它一些参数(例如效率、品质因数、损耗等)必须用另外的公式表示。现讨论如下:

1. 辐射功率

辐射功率可以用坡印廷矢量在辐射孔径上的积分进行计算

$$P_r = \frac{1}{2}\mathrm{Re}\iint\limits_{口径}(\boldsymbol{E} \times \boldsymbol{H}^*)\,\mathrm{d}s \qquad (2.2.23)$$

对于微带天线,E 垂直于导带和地板,对辐射有效的 H 分量平行于边沿。

2. 耗散功率

微带天线的耗散功率包括导体损耗功率 P_c 和介质损耗功率 P_d。导体损耗功率可由关系式 I^2R 通过对贴片和地板面积的积分求出

$$P_c = 2\frac{\mathrm{Re}}{2}\iint\limits_{S}(\boldsymbol{K} \times \boldsymbol{K}^*)\,\mathrm{d}s \qquad (2.2.24)$$

式中,Re 是表面阻抗的实部;S 是贴片面积。

式(2.2.24)中的面电流密度 $\boldsymbol{K}$ 可由电磁场的切向分量求得。

介质损耗功率可由微带腔内的电场对体积的积分来求

$$P_d = \frac{\omega\varepsilon''}{2}\iiint\limits_{V}\mid E\mid^2\mathrm{d}V \qquad (2.2.25)$$

式中,ω 是角频率;ε'' 是介电常数 ε 的虚部。

3. 储能

在谐振时,腔中电场和磁场储能的时间平均值相等,总储能是电能和磁能之和

$$W_T = W_e + W_m = \frac{1}{4}\iiint\limits_{V}(\varepsilon\mid E\mid^2 + \mu\mid H\mid^2)\,\mathrm{d}V$$

$$(2.2.26)$$

式中,μ 是导磁率。此式可进一步简化为

$$W_T = \frac{1}{2}\varepsilon h\iint\limits_{S}\mid E\mid^2\mathrm{d}s \qquad (2.2.27)$$

4. 输入阻抗

因为所有的微带天线都必须同馈线匹配,因此,输入阻抗的计算就特别有意义。微带天线可用同轴线或微带线馈电。用同轴线馈电的微带天线,输入功率为

$$P_{in}^c = - \iiint\limits_V \boldsymbol{E} \times \boldsymbol{J}^* \, dV \qquad (2.2.28)$$

式中,$\boldsymbol{J}$ 是同轴馈电引起的电流密度(${\rm Am}^{-2}$),上标 c 表示同轴馈电。如果同轴电流沿 z 方向流动,并假定很细,则式(2.2.28)变为

$$P_{in}^c = - \int_0^h E(x_0, y_0) I^* (z') \, dz' \qquad (2.2.29)$$

式中,(x_0, y_0) 是馈电点的坐标,撇号表示源点坐标。输入阻抗可用关系式 $P_{in} = |I_{in}|^2 Z_{in}$ 进行计算,将式(2.2.29)代入得

$$Z_{in} = - \frac{1}{|I_{in}|^2} \int_0^h E(x_0, y_0) I^* (z') \, dz' \qquad (2.2.30)$$

当 $h \ll \lambda_0$ 时,E 和 $I(z')$ 是常数,因而

$$Z_{in} = V_{in}/I_{in} \qquad (2.2.31)$$

式中

$$V_{in} = - \int_0^h E(x_0, y_0) \, dz' = - h E(x_0, y_0) \qquad (2.2.32)$$

对于用微带线馈电的微带天线,输入功率为

$$P_{in}^m = \iiint\limits_V \boldsymbol{H} \times \boldsymbol{I}_m \, dV \qquad (2.2.33)$$

式中,$\boldsymbol{I}_m$ 是由微带馈电产生的磁流密度;上标 m 表示微带线馈电。

输入导纳为

$$Y_{in} = \frac{1}{|V_{in}|^2} \int_0^W [H(x_1, y_1)]_l^* V(l) \, dl \qquad (2.2.34)$$

式中,W 是微带线导带宽度;$V(l)$ 是在馈线联接处贴片和地板之间的电压;l 是贴片边长;(x_1, y_1) 是微带馈电点的坐标。

对于窄微带线,$V(l)$ 基本上是 V_{in},如果 h 很小,则微带线下表

面的输入电流为 $I_{in} = WH(x_1, y_1)$，因此

$$Y_{in} = (I_{in}/V_{in}) * \qquad (2.2.35)$$

式(2.2.23)~(2.2.35)将用来计算各种不同的微带天线结构的品质因数、效率和输入阻抗。

2.2.4 微带天线的分析方法综述

由于介质基片的存在和辐射单元形式、贴片形状和馈电方式的多样性，微带天线的理论分析方法较其它天线更为复杂，通过对实际天线模型的近似处理，已发展了一些简化的分析方法，主要有传输线模型法、空腔模型法和多端口网络模型法等。严格的全波分析方法主要有积分方程法(空域和谱域)、有限元法、边界元法和时域有限差分法等。

传输线模型法是最早、最简单的一种分析方法，它将微带贴片天线看成一段开路传输线，传输线的终端负载是一个考虑边缘场效应和辐射效应的阻抗，天线的方向图由两辐射边处的等效磁流的辐射场得出，Munson 最早利用该模型分析和设计了微带天线。Pues 和 Van de Capelle[19,20] 修正了该模型，使其考虑了两端处缝隙间的互耦。传输线模型最初只能分析工作于 TM_{10} 或 TM_{01} 模的矩形贴片，Bhattacharyya 和 Garg 等人[21,22] 对其做了推广，采用非均匀传输线模型的等效，使其可用来分析其它形状的贴片天线，文献[23]进一步推广了传输线模型，使其可以分析微带贴片工作于各种高阶模的情况。传输线模型还被推广到分析其它馈电方式的天线，如口径耦合微带天线等[24]。微带缝隙天线也可利用有损耗的传输线模型进行分析[25]，文献[26]结合传输线模型和保角变换法，给出了多介质层覆盖的微带贴片天线的一种简化分析方法。Benalla 等人[27] 用传输线模型分析了具有两个端口的微带天线，传输线模型法只考虑了一维的变化情况，从理论上说是比较粗糙的，但由于它的简单、方便，至今仍是微带天线工程中十分常用的一种方法。

空腔模型法由 Lo 等人[28] 首先提出用来分析微带天线，它基

于薄基片的假设,而将微带贴片与接地板之间的空间看成是四周为磁壁、上下为电壁的谐振空腔,天线的辐射场由空腔四周的等效磁流得出,天线的输入阻抗由空腔内场和馈源边界条件求出。Richard 等人[29]提出改进的空腔模型,即将天线的辐射损耗等归结为"等效损耗角正切值",该模型可较准确地计算出输入阻抗值,但仅限于一些形状规则的贴片。Gupta[30] 提出的多端口网络模型法,实际上可认为是空腔模型的进一步发展,它将贴片表示为四周带有许多细小端口的平面电路,贴片外场用等效的集总参数网络来模拟,结合多端口网络模型、分片法和补片法,原理上可以分析任意形状的贴片天线。但很难精确定出多端口网络模型中电纳矩阵和电导矩阵的各元素,往往会引起较大误差。Dahele 和 Lee 用空腔模型分析了带有空气隙的微带天线,Richald 等扩展了空腔模型,使其可分析电抗加载的微带天线。空腔模型也被推广用以分析口径耦合微带天线[31,32],利用空腔模型分析了两个微带天线单元间的互耦,空腔模型考虑了二维的变化,传输线模型相当于空腔模型中仅计入一个主模的简单情况,但二者都只适用于薄基片情况。值得指出的是,空腔模型的提出,使人们更清楚地了解了微带天线工作的物理机制,从而促使了大量新形式的微带天线的产生。

微带天线的全波分析方法中严格考虑了介质基片的影响,积分方程法是其中较为常见的一种。它指利用边界条件和并矢格林函数,建立积分方程,结合矩量法求贴片上的未知电流。从而进一步求出天线的输入阻抗和谐振频率等。并矢格林函数中通常包含空间波辐射、表面波效应、介质损耗和互耦效应等,因此比较精确。根据并矢格林函数表达形式的不同,分为空域法和谱域法,Newman 等[33]最早提出利用空域法对微带天线进行全波分析,Mosig[34]对该方法进行了推广。文献[35]提出的"离散镜像法",改进了其数值计算方法,由于空域并矢格林函数无闭合形式,构造难度大,人们又提出了谱域法,谱域法是借助于二维傅里叶变换得到的。文献[36,37]推导出单层情况下谱域并矢格林函数的闭合表达式,并用伽略金法求数值解。文献[38]中利用谱域积分方程法计算了微带天线的输入阻抗和两个天线单元之间的互耦,利用Hankel变换,该方法被进一步用于圆形微带贴片的分析[39],文献[40]详细给出了微带线边馈和电磁耦合微带天线的数值分析。Alexopoulos等人[41]深入研究了介质层覆盖对微带天线特性的影响。对于多层介质基片的微带天线,文献[42]利用迭代算法和电、磁矢位势的分解,导出谱域并矢格林函数的闭合形式。文献[43]则利用波矩阵法,得出了多介质层谱域并矢格林函数的闭合形式。谱域积分方程法的缺点是阻抗矩阵元素中包含索末菲积分,其数值计算非常困难。该积分中包括表面波极点和高速振荡函数的二维无限积分,尤其是后者,一直是人们非常关注的问题。Pozar[44]给出了"极点抽取法",对表面波极点进行解析处理。文献[45-48]探讨了包含高速振荡函数的二维无限积分项的计算方法。

由于微带天线阵列的理论分析需要很大的计算量,往往困难较大,谱域积分方程法与Floquet理论结合后,可以用于分析无限周期阵列的特性[49-51]。文献[52]中结合双共扼梯度法(BCG)和快速傅里叶算法(FFT),对大规模微带天线阵列进行了全波分析。

此外,还有一些方法,如有限元法、边界元法、传输线矩阵法和时域有限差分法等,都各有特点,并正在得到进一步的改进和完善[53-56]。最近已有一些把人工神经网络理论、子波变换和遗传算法应用于微波领域的报导,这方面的研究工作将进一步促进微带天线数值分析方法的发展[57-59]。

2.3 微带天线技术的研究历程和进展

在20世纪,天线技术领域中一个重要的进展之一就是印制电路天线技术,特别是微带天线技术,它已成为了一个专门的天线技术分支,现在主要应用在100MHz~100GHz。

2.3.1　微带天线的起源及研究历程

微带天线的概念首先是 Deschamps 在 1953 年提出来的,但是,经过 20 年后,当较好的理论模型及对敷铜或敷金的介质基片的光刻技术发展之后,才引起众多学者的重视[60-66],实际的微带天线才制造出来。最有代表性的实际微带天线是 1972 年以后由 Howell[67] 和 Munson[68] 研制出来的。1979 年,在美国的新墨西哥州大学举行了微带天线的专题国际会议[69],1981 年,IEEE 天线与传播汇刊上登载了微带天线特刊[70],两本最早的微带天线专著相继问世[71,72],Dubost[73] 也发表了关于微带振子天线和阵列天线的研究专著。20 世纪 80 年代,微带天线无论在理论与实用的深度及广度上都获得了进一步的发展,出现了许多新的理论分析方法和新的结构形式,如电耦合、口径耦合微带天线等[74-77]。还研究出了许多改进微带天线性能的方法,如利用堆叠式结构展宽频带、单馈实现双频段或圆极化、双馈实现双极化等[78-83]。1989 年出版的由 James 和 Hall 主编的《微带天线手册》[84],汇集了这一时期的国际上许多微带天线专家研究的成果。Gupta[85] 选编了许多关于微带天线设计方面的重要论文,形成了微带天线的 CAD 专辑。文献[86]详细介绍了微带天线通过印刷电路来实现的技术。在 20 世纪 80 年代末 90 年代初,国内也有这方面的专著出版[87]。从此以后,微带天线得到了广泛的研究和发展,从而使微带天线获得了多种应用,并且形成了微波天线中一种独立的天线类型。

2.3.2　微带贴片天线的主要技术及发展

在 2.2 节中我们提到过,微带天线主要有四种类型:微带贴片天线、微带振子天线、微带线型天线和微带缝隙天线等,但有的书籍也将微带贴片天线和微带振子天线合成一类。本书只重点研究微带贴片天线和振子天线技术,统称为微带贴片天线。

微带贴片天线是在带有导体接地板的介质基片上附加导体贴片构成的,贴片可以是矩形、圆形等,如果贴片是窄长形的薄片振子则成为微带振子天线。

目前,微带贴片天线的常用及新技术主要有以下几个方面[88]:

1. 宽频带技术

这种技术主要的设计方法有如下几种:

1)采用厚基法

我们知道,微带贴片天线的窄频带特性是由其品质因数 Q 的谐振特性决定的,即储存于天线结构中的能量比辐射能量和其他损耗能量大得多,因此,如果能降低天线的 Q 值或附加匹配措施,则可展宽微带天线的阻抗带宽,提高微带天线的性能。而由微带天线理论知, Q 与介质基片厚度 h 成反比关系(对于一块贴片长为 a、宽为 b,介质基片厚度为 h、介电常数为 ε_0 的微带贴片天线的 Q 值表达式为: $Q = (\omega\varepsilon_0\varepsilon_r'ab)/(h\delta_{0m}\delta_{0n}G_r)$(式中, G_r 为辐射电导),从物理意义看增大基片厚度即是增大了微带贴片四周缝隙的宽度,从而增加了从谐振腔中辐射出的能量。

2)采用非线形介质基片

铁氧体具有非线形的色散特性,其导磁率随频率的升高而降低,如果能实现导磁率随频率的升高而成平方地减小,那么用这种铁氧体材料作基片的微带贴片天线,其不同频率可对应同一贴片尺寸,微带天线有可能实现几个倍频程的阻抗带宽,并且由于铁氧体很高的导磁率还可实现天线的小型化,这在较低频段微带天线的应用中颇具吸引力。

3)多调谐回路技术

微带天线是一种谐振式天线,根据空腔模型法理论知道它可以等效为一个 RLC 并联谐振电路。而在电路理论中,常采用调整双调谐回路的耦合度而出现双调谐峰,从而使带宽得到扩展的方法。因此,我们也可以借用此法有效地扩展微带天线的阻抗带宽。一种有效的措施是在有源贴片天线旁附加寄生贴片,如图 2 – 17 所示。寄生贴片与有源贴片之间形成耦合的调谐回路,调整寄生单元的尺寸及其与馈电单元间的距离,可以出现双调谐特性。该

42

结构可以实现约 10% 的阻抗带宽。

4）采用对数周期结构

该结构是用一组贴片组成的贴片阵,设贴片的长度 L,宽度 W 及间隔 S,则沿阵轴的增加都根据对数周期比 τ 取值,有

| 寄生元贴片 | 有源贴片
（馈电元） | 寄生元贴片 |

图 2-17　共面寄生贴片

$$\tau = L_{n+1}/L_n = W_{n+1}/W_n = S_{n+1}/S_n$$

对于某一给定的频率,只有少数几个谐振于该频率的贴片受到激励并辐射,这些谐振器形成一个辐射区,当频率改变时这个辐射区就沿着阵轴移动。这种结构虽可扩展频带宽度,但因受安装的面积限制,扩展的宽度没有线状对数周期天线的宽。

几种微带天线的带宽见表 2-3[89]。由表可见,为了展宽频带,需要以体积的增大或效率的降低为代价。

表 2-3　几种微带天线的带宽和效率比较

天线形式	厚度 h/mm	带宽 B	效率 η_r
谐振贴片	1.59	6.6%	>90%
厚贴片	3.0	19%	>90%
多层贴片	3.68	18%	>80%
螺旋形贴片	1.59	40%	50%
城墙线阵	1.59	44%	60%
变参数阵	1.59	40%	—
对数周期阵	1.59	4:1	79%

2. 多频微带贴片天线技术

在实际应用中往往需要能在多个频段工作的天线,如跳频工作的雷达和通信设备及其某些频率捷变和极化捷变的天线等。微带天线实现双频段工作的基本方式可分为两种:多片法和单片法。

（1）多片法是利用谐振频率不同的多个贴片工作。目前使用较多的是双层贴片,通常将较小的贴片叠在较大的贴片上。下面

43

一层的贴片既作为较低频段的辐射器,又作为上贴片的接地平面,上贴片和下贴片之间的空腔谐振于较高频段,下贴片和接地板之间的空腔谐振于较低频段。这种双层贴片结构可以看成是两个串联的并联谐振回路。

(2)单片法。单片法又分两种技术:单片多模法和单片加载法。①单片多模法,它是通过在单片微带贴片的空腔内激励起具有不同谐振频率的模式实现多频段工作。一种最简单的方法是利用矩形贴片的 TM_{10} 模和 TM_{01} 模同时工作,利用矩形贴片两边长的尺寸调谐两个工作频率。为了保证隔离度,两个频段分别馈电。②单片加载法,对单模工作的单片微带贴片天线,利用电抗加载的方法也可以实现双频工作,用这种方法可以得到频率间隔比较近的两个工作频率。

3. 圆极化技术

微带天线具有便于实现圆极化的特点。已发展了多种实现方式。

(1)利用微扰手段的单馈点法[90],如:准方形贴片、带对角槽或切角的方贴片、有缺口的圆贴片、椭圆贴片、五边形贴片、三角形贴片[91]、方形环和交叉贴片[92]等。

(2)双或四馈点法,即用幅度相等、相移90°的双馈源馈电,或用相位分别为 0°、90°、180° 和 270° 的四馈源馈电,以展宽频带[93]。

(3)利用多个线极化单元的组合。已有二元组合、2×2 元组合的 N 元相位累加组合等多种。一个 2×2 元实验模型采用厚 2.54cm 的蜂房基片,测得 800MHz ~ 900MHz 频带(12%)上轴比不低于 0.6dB[94]。

(4)利用微带弯曲、折角等构成的行波串馈阵列。如城墙线阵(见图 2-18)[95]等。

4. 微带振子天线技术

这种天线可看成是矩形贴片天线一条边的宽度趋于零而形成的。这类天线与微带贴片天线相比,具有结构简单、更高的集成度

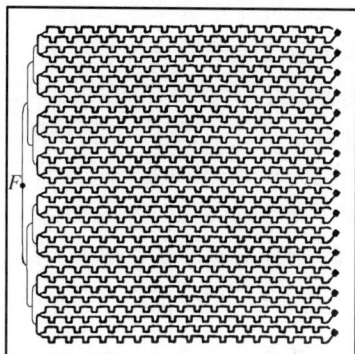

图 2-18 城墙线式圆极化微带阵

和更大的带宽等优点。微带振子天线的分析完全可以利用微带矩形贴片天线的结果。

设微带振子沿 x 方向放置,宽度忽略不计,因此只需考虑 x 方向的电流。电场的 x 方向分量为

$$Ex = -j\omega\mu_0 \int_L \boldsymbol{G}_{xx} I(x') \, \mathrm{d}x'$$

式中,$\boldsymbol{G}_{xx}$ 为 $\boldsymbol{G}_{xx}^{T}$ 的反变换,而 $\boldsymbol{G}_{xx}^{T}$ 可由下式计算:

$$-j\omega\mu_0 \boldsymbol{G}_{xx}^{T} = \begin{bmatrix} \boldsymbol{G}_{xx}^{T} & \boldsymbol{G}_{xy}^{T} \\ \boldsymbol{G}_{xx}^{T} & \boldsymbol{G}_{xx}^{T} \end{bmatrix}$$

$$= \begin{bmatrix} Z_{TE}^{T}\sin^2\alpha + Z_{TM}^{T}\cos^2\alpha & (-Z_{TE}^{T} + Z_{TM}^{T})\cos\alpha\sin\alpha \\ (-Z_{TE}^{T} + Z_{TM}^{T})\cos\alpha\sin\alpha & Z_{TE}^{T}\cos^2\alpha + Z_{TM}^{T}\sin^2\alpha \end{bmatrix}$$

当场点限制在振子表面时,上式成为振子电流的积分方程,该方程可用求解线天线的矩量法程序求解。

此外,还有微带折合振子天线。

2.3.3　微带贴片天线阵列技术

由于微带贴片单元的增益一般只有 7dB 左右,因此,同一般微波天线一样,要得到高增益,波束扫描或波束控制等特性,必须将离散的辐射元组成阵列才有可能。同一阵列中的辐射元可以相

同,也可不同,在空间中可排列成线阵、面阵或立体阵。线阵由位于一条直线上相隔一定距离的若干辐射元所组成。同样,面阵是由分布于同一平面上的辐射元构成,立体阵是由分布于三维空间的辐射元构成。令人振奋的是,微带天线非常适合于做共形阵天线。特别是在相控阵天线中,它具有特殊的优点,即能使所有辅助电路都能装配在同一块集成板上。在各种应用领域内,如天线运动、恶劣的场地条件、多通道或由于变化着的环境降低了天线的性能,以及在自适应微带天线(控制波束或零值点)中,都能应用。

微带阵列天线的分类方法按阵元空间分布分类可分成线阵、面阵和立体阵;按扫描方式分类可分成相扫、时延扫和频扫;按天线的结构分类可分成共形与非共形。

1. 微带线阵天线

它是最简单的阵列形式,将各贴片单元直线排列,其贴片单元可以是矩形、方形、圆形、环形等。这些阵元可以同线阵理论结合起来去设计各种应用的实际天线,图 2-19(a)所示为微带天线线阵,其等效电路示于图 2-19(b)。

微带天线元

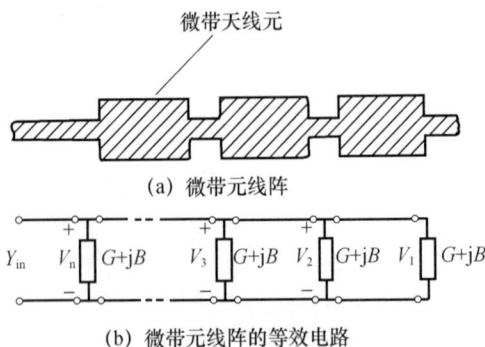

(a) 微带元线阵

(b) 微带元线阵的等效电路

图 2-19 微带天线线阵及等效电路

辐射元为级联,即用传输线串联连接起来,为不扰动辐射缝隙场,传输线都采用宽带线。在这种情况下,阵因子为[96]

$$T = \sum_{i=1}^{N} V_i \exp[\mathrm{j}k_0 d_i \cos\theta]$$

式中,V_i 是横跨第 i 缝隙的电压;jk_0 是自由空间的传播常数;d_i 是第 1 缝到第 i 缝的距离。对边射阵,要优化辐射元和连接传输线的尺寸,以使阵增益为最大,其目标函数是

$$G^{\mathrm{T}} = \frac{\left| \sum_{i=1}^{N} V_i \right|^2 G}{|V_n|^2 \mathrm{Re}(Y_{\mathrm{in}})}$$

式中,G 是缝的辐射电导;Y_{in} 是输入导纳。

阵因子对方向性系数的贡献是

$$D^{\mathrm{T}} = \frac{\left| \sum_{i=1}^{N} V_i \right|^2}{\sum_{i=1}^{N} V_i^2}$$

微带线阵根据其馈电形式不同,可分为串馈贴片线阵和并馈贴片线阵。

2. 微带面阵天线

微带线阵是一维形式,以线阵为单元进行二维排列,则成为微带面阵。面阵天线的阵元可排列成矩形、圆形、椭圆形分布形式,或者可用其它分布形式。图 2 - 20 为一个分布于 $x - y$ 平面上的微带元矩形阵。

在文献[97,98]中报导了用微带缝隙元和贴片元组成的各种微带

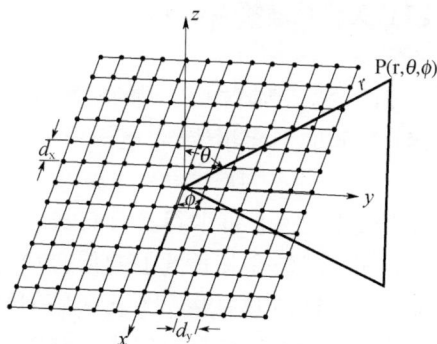

图 2 - 20　微带面阵天线

平面阵列。Dernevyd 报导过 4×4 正方形辐射元($L = W = 0.47\lambda$）组成的面阵,其间距稍大于半波长,工作频率为9GHz。它具有 17 dB 的增益和18°的半功率波束宽度。Menze 用6个4×4 的子阵设计出了一个工作于 40 GHz 的面阵。

3. 相控微带阵列

前面介绍的微带阵列都属于固定波束阵。在雷达和卫星通信等应用中,还需要天线波束能在一定空域进行电控扫瞄的阵列。有四种基本的电扫描方式,即相位扫描、频率扫描、延时扫描和电子馈电开关扫描等。在研究微带相控阵技术时,应注意:①当波束扫描时,可能会出现栅瓣,并导致主瓣展宽等变形。②当波束扫描时,阵元间的互耦将发生变化,这会使天线与馈电失配,使阵元波瓣出现尖而深的零点。③微带相控阵存在表面波,会降低空间波束辐射效率。

一种最初的微带相扫天线阵是在 1975 年由美国 Ball 兄弟研究公司的 Sanford 和 Klein 研制的。这个天线是卫星通信和导航接收系统的部件,该系统提供了飞行器与地面之间的可靠通信并监视信号的传输。天线工作在 1543.5MHz ~ 1558.5MHz 频率上,它基本上是一个在铅垂面内波瓣控制能力为 45° ~ -32° 的接收天线。采用方形微带元以获得圆极化,所有的控制电路,匹配网络等都刻蚀在聚四氟乙烯玻璃纤维板基片一面的敷铜箔板上,八个阵元的间距为 0.52λ,天线总增益为 12dB。

4. 频扫微带阵

改变频率可以改变微带辐射元之间的相对相位。因此可用改变频率来控制阵元之间的不同相位移,使得每一个频率对应于唯一的波束位置。

由于移相可由微带线的长度取得,因而频扫微带天线很容易实现。如果开关时间大于波在阵长度上的传递时间,则控制波束就像改变频率那样快。这种方法更适用于一维扫描情况。有关频扫天线的基本原理在文献[26]中已有阐述。

Danielsen 和 Jorgensen 提出了频扫微带阵天线的一种设计方

法。它利用了连接辐射器本身所造成的相移来实现,每个辐射单元在输入端和输出端接有四分之一的波长变换器。

5. 微带共形阵

微带共形阵主要分三类:①全向的环绕式微带天线阵,由于微带天线固有的薄剖面特点,它的重要应用之一是制成共形阵,已广泛用于与导弹表面共形的全向阵列。全向的微带共形阵主要有两类设计,一是线极化的连续辐射器,一是并馈的线极化或圆极化贴片阵。连续形式的全向共形阵是用一微带条带环绕圆柱体的圆周,沿圆周在若干点处等间隔地用并馈网络馈电,称为环绕式微带天线。芒森给出一个环绕直径在 203.2mm 的圆柱的设计。②全向的共形贴片阵,它是沿圆柱的圆周排列若干个离散的贴片辐射元,对它们进行等幅同相馈电。最常用的贴片辐射元是矩形贴片。有两种模式,一是辐射边沿圆柱轴线方向,称为轴向模式;另一是辐射边沿圆柱的圆周方向,称为周向模式。③定向的微带共形阵,由于微带天线很薄,它可方便地制成有方向性的共形阵,包括共形的电扫描阵,单脉冲阵等,文献[30]提供了一种结构形式,这个试验模型是微带网格面阵,工作于毫米波段。

2.3.4　微带天线的发展趋势

微带天线的主要发展趋势是阵列化、双极化、有源化、小型化和智能化等,在大多数的应用中,它将最终代替常规的天线。

1. 微带天线的阵列化

由于微带天线是用印制板做成的,所以便于将形成阵列天线发射的移相器等各种附加元件、电路等集成在一块基板上。由于天线增益要求不断提高,天线大阵中的“元”又由小阵组成,使得微带天线越来越复杂,集成度也越来越高。文献[33]还给出了一个用于卫星通信的双工微带天线,它采用三层结构:第一层是圆形贴片,作为发射天线;第二层是环行贴片,作为接收天线;第三层是口径耦合的馈线网络,这些作为一个单元阵,然后再利用 16 个这样的单元阵组成阵列天线。

2. 微带天线的双极化和极化捷变

由于双极化微带天线在通信和雷达的许多领域中有广泛的应用,例如可实现频率复用或极化分集等,人们对此已进行并将继续进行大量的研究。另外还可以实现双极化的微带阵列方式。实际应用中往往需要微带天线阵列具有极化捷变功能等,这些都会刺激和促进微带天线的双极化和极化捷变技术的发展。

3. 微带天线的有源化发展

有源微带天线是指将无源天线的微带辐射单元(如贴片、缝隙等)与微波电路(移相器、低噪声放大器、高功率放大器、混频器、检波器和倍频器等)的集成。它集微带天线的辐射功能与微波电路的振荡、信号放大、混频和移相等功能于一体。它保留了微带天线体积小、重量轻、易于与其它方面体共形等优点。还可利用有源微波电路提高天线的性能(如宽频带、高增益和低噪声等),并能实现各种复杂的功能,如波束扫描、极化捷变和频率捷变等。因此,有源微带天线便成了一个十分活跃的研究领域。

4. 微带天线的小型化

随着微带天线的技术和用途的不断扩升,它的小型化一直倍受人们关注,因为小型化的天线会带来发射设备的小型化,这样有利于隐蔽、机动等。又由于微带天线将传统的三维天线结构变成了二维结构,实现了一维小型化,因此人们有理由相信微带天线还可以在小型化上有新的进展。比如采用高介电常数的材料基片、开缝微带贴片、有源加载、双极化、多频化等技术都有利于微带天线的小型化。

5. 微带天线的智能化发展

智能天线是由天线阵和智能算法构成的,是数字信号处理技术和天线有机结合的产物。天线的智能化始于通信系统,由于无线电频率资源的日益紧张,导致蜂窝系统的容量受到限制,因此把空域处理看作为无线电容量战中最后的阵地,从而引起对智能天线技术的重视。智能天线技术的主要优点有:具有较高的接收灵敏度、使空分多址系统成为可能、可消除在上下链路中的干扰、可抑制多径衰落效应等,鉴于智能天线的这些突出优点,它必将被微带天线所应用和发展。

6. 自适应天线阵技术将在微带天线阵中得到广泛的应用

自适应天线阵是通过对各阵元信号的幅度和相位进行自适应控制,使天线阵的主瓣方向自动对准需要的信号,零点方向自动对准干扰信号,以达到增强有用信号、抑制干扰信号的目的,自适应天线阵极大地改变了天线阵的传统概念和设计方法,已成为天线理论的重要前沿分支,加上微带天线易于集成的优点,自适应天线阵技术必将在微带天线阵技术中得到广泛的应用。

第三章　介质埋藏微带天线基本问题探讨

前事不忘,后事之师。

在第一章里,我们提出了介质埋藏微带天线的新概念,并从这个概念的内涵和外延给予了定义。由它的内涵可看出,微带贴片天线是研究介质埋藏微带贴片天线的根基,我们正是从微带贴片天线出发,在介质埋藏天线概念的启发下,才找到了介质埋藏天线的另一个新领域——介质埋藏微带贴片天线。既然微带贴片天线是介质埋藏微带贴片天线的根本,那么用于微带贴片天线的各种基片材料也可用做介质埋藏微带贴片天线的重要组成部分——埋藏介质,微带贴片天线的馈电方法也可用于介质埋藏微带贴片天线中。另外,要研究好介质埋藏微带贴片天线必须注意到介质覆盖微带天线的研究,然而两者看起来很相似,但却有着本质的区别:介质覆盖微带天线是以研究覆盖介质对微带天线性能影响为出发点的,对微带天线的结构不做大的改变。而我们提出的介质埋藏微带贴片天线则是以研究新型天线为出发点的,研究目的发生了根本性的变化,而且也使微带天线结构发生了很大的变化。尽管如此,我们还是认为,介质覆盖微带天线对介质埋藏微带贴片天线的研究具有启示作用。

3.1　介质埋藏天线的研究进展

天线在实际应用中,由于出于环境防护或其它需要,常常需要在天线外表加覆盖层用以掩盖,由于这些覆盖层影响了天线的性能,于是有人就开始了埋藏天线的研究。目前,主要集中在将线天线埋藏于介质中的研究,而对把微带天线埋藏于介质中的研究主要集中在对多覆盖层微带天线的研究上,并且还没有学者提出介质埋藏微带天线的概念。其它的天线形式被埋藏的报道还未见到。

3.1.1 介质覆盖微带贴片天线的研究情况

从 IEEE、IEE、国际上认可的三大检索、中国期刊网、博士论文网、优秀硕士论文网等公开出版发行的期刊网站上搜索看,专门进行介质埋藏微带贴片天线研究的文章几乎没有见到。但却有以研究微带贴片天线上加覆盖层(如冰雪、防护材料等)对天线性能影响情况的论文发表,也有关于 N 层介质覆盖矩形微带天线的分析和多介质层单频和双频微带天线研究方面的论文发表。作者认为:这些都是介质埋藏天线研究的萌芽状态。下面分别就微带贴片天线上的覆盖物对其谐振频率、辐射特性、阻抗特性等的影响进行综述。

1. 介质覆盖微带天线辐射特性的研究

这方面的研究基于谱域导抗法建立 N 层介质覆盖微带天线的谱域并矢格林函数,利用波矩阵技术处理波通过分层介质时的传输和反射,在合理地假定贴片天线电流分布的条件下,研究微带天线的介质覆盖效应。

文献[59]给出了图 3 - 1 中的 $z = \sum_{i=1}^{M} h_i$ 面上的谱域口径场 $\tilde{E}_x'$ 和 $\tilde{E}_y'$,则其辐射场为

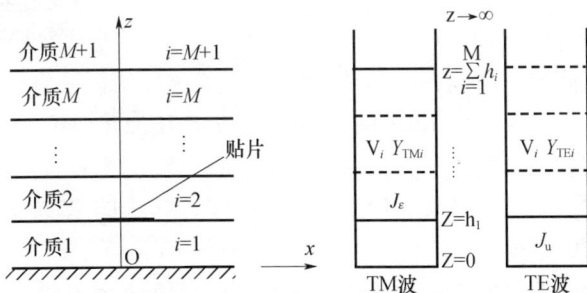

图 3 - 1 多层介质覆盖微带天线及其等效电路

$$\begin{cases} E_\theta \propto \cos\varphi \overset{i=1}{\tilde{E}'_z} + \sin\tilde{E}'_y \\ E_\varphi \propto \cos\theta(\sin\varphi\tilde{E}'_z - \cos\varphi\tilde{E}'_y) \end{cases}$$

作者还指出,由于分层介质不连续面之间没有其它的金属物体,因而各个不连续面之间没有高次模的耦合问题,当各个不连续面之间距离很小(即介质层很薄)时,本方法仍然有效。

文献[99]则分析了用介质覆盖于矩形微带天线阵上的场强分布、输入阻抗等特性。

2. 介质覆盖层对微带天线的谐振频率和带宽的影响

在谱域导抗法中,最大的困难是振荡函数是无穷区间的数值计算,特别是矩形微带天线所遇到的二维振荡函数无穷区间的积分。由于在无穷远处,被积函数收敛极慢,因而经典积分方法不再适用,必须采用特殊的积分法。对于这种特殊的积分方法,目前大都采用无穷区间截断的方法,从而引起较大误差。文献[100]引入了两种特殊的积分法,由 Mosing 提出的加权平均法和用于无穷积分的一种特殊迭代方法,将一个二重积分分成数个二重积分,针对各个积分的被积函数特性,选择适当的数值方法分别加以处理,从而成功地解决了这个难题,得到了较精确的结果。作者已将该方法推广应用于多层介质覆盖的矩形微带天线中,计算了谐振频率,数值结果与实验结果吻合得很好。理论与实验结果均表明,加介质覆盖使微带天线的谐振频率降低,且降低量随介质厚度的增加而增大。

文献[101]将文献[102]的方法推广应用于处理双层介质问题,以平面波来激励,分析介质加盖对微带天线谐振频率及带宽的影响。如图 3-2 所示,图中,$t=0$ 时为无介质加盖保护层情况。

从图中可以看出:介质加盖对谐振频率影响较大,而对带宽的影响相对小些,且随着保护层厚度的加大,谐振频率逐渐向低端偏移,带宽则稍微增大。

文献[54]也提出了添加覆盖层可使微带贴片天线的带宽提高的观点。

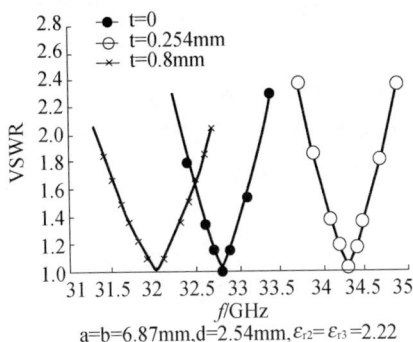

图 3-2　介质加盖对谐振频率和带宽的影响

3. 有介质覆盖层的微带偶极子天线的辐射场及其激励的表面波特性

在实际中,往往由于冰雪或为了提高天线的功率容量或改善频带特性,微带天线可能在有介质覆盖层的情况下工作。随着工作频率的日趋提高,天线激励的表面波将越来越严重,对天线的性能将产生很大的影响。一些分析微带天线的方法,例如传输线法、谐振腔法、复镜像法等都在考虑表面波或介质覆盖层方面遇到了困难。文献[103]从有关结构的格林函数积分表达式(Sommerfeld积分)出发,研究了有介质覆盖层的微带偶极子天线的辐射场,并对在这种结构中表面波的激励和传播作了较仔细的讨论,指出了一些表面波特性。这些结果也可借鉴应用到电磁耦合馈电微带天线,某些返回式卫星(其金属壳体上铺有黏合剂、烧蚀层等层状介质)天线和双层微带器件的分析中。

(1) 解格林函数积分方程获得的精确电流分布,虽然和驻波型的正弦分布存在一定差异(特别是相位),但对远场辐射特性的结果却影响不大。这给天线的电设计带来更多的自由度,可以通过选择适当的参数,使天线的性能(如增益)优化。

(2) 只要适当选择参数,就可能在同一相速度下传输 TE 模和 TM 模,这一特性将有可能用于研制圆极化特性的新型表面波天线或器件中。

（3）直接靠近接地板一层介质的介电特性在表面波的激励中起重要作用。

（4）如果适当选择结构参数，可以实现在微带偶极天线所在面（$z=0$）上激励较强的 TE_1 模，而 E_θ^{TM}、E_ϕ^{TM} 则为零。

（5）在覆盖层的 $\varepsilon_{1r}>$ 基片层的 ε_{2r} 时，通过选择覆盖层厚度 d_1 来抑制 TE_1 模，然后选择基片层厚度 d_2，以达到 TE_1 模适当（或较强）的激励。反之，对于 $\varepsilon_{2r}>\varepsilon_{1r}$ 时 TE 波模，将不可能出现上述的特性。

4. N 层介质覆盖矩形微带天线的格林函数的谱域法分析

文献[104－106]用实验的方法，研究了加一层介质覆盖板对矩形微带天线辐射特性的影响。文献[99]研究了多层介质覆盖矩形微带天线谐振频率的精确计算方法，但它是基于谱域导纳法，仅考虑二维平面电流源的激励情况，因此不能用来分析同轴探针馈电的多层介质覆盖矩形微带天线，且该文仅限于讨论天线谐振频率的计算。文献[107,108]提出一种计算多介质矩形微带天线谐振频率和输入阻抗的简化计算方法，但它是准静态分析，对于厚基片的微带天线将引起相对较大的误差。文献[53]从理论和实验上研究了 N 层介质覆盖矩形微带天线的特性。首先，给出了在三维电流源激励的情况下，N 层介质覆盖微带天线结构的谱域格林函数的新的解析计算公式。然后，根据给出的谱域格林函数的解析公式建立了分析这类天线的积分方程。最后，应用有效的数值计算技术求解积分方程，得到了天线的谐振频率、输入电压驻波比和辐射方向图的数值解。

文献[53]指出，从三层介质覆盖层实验能看出：增加介质覆盖层数，将导致谐振频率向低频端漂移，随着覆盖层厚度的增加和覆盖层介电常数的增大，谐振频率向低频端漂移就越多。

3.1.2　介质埋藏圆杆线状天线的研究情况

文献[109－111]，研究将单极天线或单极天线阵埋藏于介质底（基）板中或各向异性媒质圆柱体中的情形。文献[112－114]，研究将介质谐振天线分别埋藏或堆叠于圆柱体介质环中、多层媒质中的情形。文献[115 - 117],则是研究将偶极子天线或偶极子天线阵分别埋藏于介质平板和不同的介质混合体中的情况。文献[118],将具有介质涂层的轴向缝隙圆柱体天线的某一部分埋藏于地板中,研究其辐射特性。文献[119],提出一种埋藏于散射电介质中的线天线的分析方法。文献[120 - 123],都是研究将多根线天线埋藏于介质中,然后再控制各个线天线的辐射情况,以形成可控的多波束天线,实现智能化控制目的。文献[124],研究埋藏于球形媒质中的细线环形天线的情形。文献[125],专门对由狭窄槽缝激励的埋藏于介质中的谐振天线带宽进行研究。文献[126,127],研究埋藏于分层介质中的各向异性电介质圆柱体的电磁特性。文献[128],给出了有耗媒质中的线天线和环形天线的电流分布研究方法和结论。文献[129],提出了为减小天线高度而使用介质涂敷层,即相当于把天线埋藏在高介电常数的电介质中。文献[4],还提出了天线表面覆盖灰层或覆冰时的研究方法。以上文献都是研究将杆、柱、环形等形状的天线埋藏于介质中的情形。

3.2　埋藏介质材料特性及应用

3.2.1　介质的介电常数对频率的影响

天线设计研究人员已经发现,估算微带天线频率时,最敏感的参量就是基片材料的介电常数,而生产厂给出的容差 ε_r 有时是不适当的。

由于基片介电常数容差的小变化而引起薄基片微带天线工作频率的变化关系可以表示为

$$\frac{\delta f}{f_0} = -\frac{1}{2}\frac{\delta \varepsilon_r}{\varepsilon_r} \qquad (3.2.1)$$

式中,f_0 为假设有磁壁边界条件下微带天线的谐振频率;ε_r 为相对介电常数;δf 为谐振频率的变化量,而 $\delta \varepsilon_r$ 为相对介电常数的变化量。例如,若天线工作频率预测到 ±0.5% 的变化,采用 $\varepsilon_r =$ 2.55 时,所要求的精度为 $\delta \varepsilon_r = 0.0255$。但是,所引用的这类材料的典型介电常数精度为 $\delta \varepsilon_r = \pm 0.04$。

由少量尺寸变化所引起的相对频率变化,可以用线性尺寸或温度变化关系表示如下

$$\frac{\delta f}{f_0} = -\frac{\delta l}{l} = -\alpha_t \delta T \qquad (3.2.2)$$

式中,α_t 为热膨胀系数;T 为摄氏温度;l 为微带天线确定频率的长度。温度变化 100℃ 时,工作频率不稳定性要小于 0.5%,就要求热膨胀系数 α_t 小于 $50 \times 10^{-6}/℃$。就热膨胀而言,通常所用的材料是满足要求的。虽然,基片材料厚度的变化能影响工作频率,但这个因素与介电常数容差相比就不那么重要了。

3.2.2　介质各向异性

为了达到设计中所需的机械特性,在聚合物模型中加入填充材料[130]。这种填充材料通常是玻璃纤维,不过也可以是陶瓷。在任何情况下,这些填充材料在加工期间都择优取向。在片子平面方向上包含纤维加强材料的合成物将表明介电常数对电场方向的依赖关系,电场位于片子平面内时的介电常数比电场横越片子时的数值要高。这种效应的大小是纤维定向之间介电常数之差和纤维与聚合物体积比的函数。表 3-1 给出这种效应的典型实例。

表 3-1　典型的介电常数与电场主轴方向的关系

材　料	ε_r/X 方向	ε_r/Y 方向	ε_r/Z 方向	引用值	$\dfrac{\delta \varepsilon_r}{\varepsilon_r}$(%)
杂散玻璃纤维加强聚四氟乙烯	2.454	2.432	2.347	2.35 ± 0.04	1.7
陶瓷加强聚四氟乙烯	10.68	10.7	10.4	10.5 ± 0.25	2.4
乙烯	2.88	2.88	2.43	2.45 ± 0.04	1.6
玻璃布—聚四氟乙烯增强型—环氧树脂	2.90	2.90	2.44	2.45 ± 0.03	1.7

由表 3 - 1 可以看出,市面上所引用的介电常数值基本上就是电场垂直于介质板的情况下的数值。电场的这一取向通常是我们所需的方向。因此,我们必须知道这种材料的性质,以保证天线系统正确地工作。在微波范围内,介电常数的测量通常是采用带线谐振器技术来实现的,由于带线周围有散射场,因而测量存在着不确定性,需要在设计中修正。

聚四氟乙烯基片材料的介电常数与温度的关系:聚四氟乙烯基片材料的介电常数是随着温度的提高而降低的,在 - 75℃ ~ + 100℃ 温度范围内,这种材料的介电常数平均变化量为 CTE = 96 × 10^{-6}/℃,在 0℃ ~ 20℃ 温度之间出现大约 $\varepsilon_r = 0.011$ 的突变,这是聚四氟乙烯为基础材料的特点。出现这一变化的精确温度是温度变化速率的函数,在 - 75℃ ~ 100℃ 的温度范围内,由于介电常数变化引起的工作频率相对变化约为 0.8%,这证明由于热膨胀引起的线性尺寸变化有助于补偿介电常数变化的影响。将式 (3.2.1) 和式 (3.2.2) 合并得

$$\frac{\delta f}{f_0} = \left(- \alpha_r + \frac{1}{2}\alpha_E \right)\delta T$$

在 - 75℃ ~ + 100℃ 的温度范围内,谐振频率的净变化一般为 0.03%。因此,适当选择材料,几乎可能完全消除温度对微带元天线谐振频率的影响。

3.2.3 介质材料的选择

介质基片制造厂试图组合多种基本材料的特性,以获得所希望的电气和力学性能,这种合成材料称为复合材料。采用添加玻璃纤维、石英或陶瓷以合适的比例来组合或综合成材料,其力学性能得到修正,介电常数值也可得到调整。现在有一种应用非常广泛的产品,其介电常数范围是 2.1 ~ 10,损耗角正切值从 0.0004 ~ 0.03,表 3 - 2 所示为各种材料的重要电气和热性能参数,这些是当前正在使用的材料。FR - 4 是一种环氧树脂玻璃基板,使用广泛且价格最低,PTFE(聚四氟乙烯)给出最高性能且能工作在超过

300℃的温度下,FR-4,BT/环氧树脂及聚酰亚胺被称为热固性材料,质硬而有弹性。这些材料在超过玻璃的渡越温度(Tg)后就变软,FR-4,BT/环氧树脂及聚酰亚胺的玻璃渡越温度(Tg)分别是150℃、210℃和250℃。这些材料的导热性都十分差,典型值为0.2W/(m·℃)。增强型玻璃环氧树脂叠层板价格最低,而PTFE叠层板有最低介电常数和损耗。另外,PTFE基板能更好地防潮气和有着超高附着力。FR-4高损耗角和可变的ε_r限制了它的使用,一般工作频率低于3GHz。复合材料的参数值对于不同的制造厂商的产品会略有不同。

表3-2 介质材料的相关性能

材料	介电常数	耗散损耗	CTE,xy ($10^{-6}/℃$)	CTE,z ($10^{-6}/℃$)
FR-4/玻璃	4.5	0.02	16~22	50~70
FR4-epoxy	4.4	0.01	17	55~65
Driclad/玻璃	4.1	0.01	16~18	55~65
BT/环氧树脂/玻璃	4.0	0.01	17	55~65
环氧树脂/PPO/玻璃	3.9	0.01	12~18	150~170
氰酸盐脂/玻璃	3.5	0.01	16~20	50~60
聚酰亚胺/玻璃	4.5	0.02	12~16	65~75
陶瓷填充热固化	3.3	0.0025	15	50
EPTFE热固化	2.8	0.004	50~70	50~70
硅填充PTFE	2.9	0.003	16	24~30
PTFE/玻璃	2.4	0.001	12~20	140~280
PTFE	2.1	0.0004	70~90	70~90

注:CTE,xy 表示介电常数在 xy 向的平均变化量;CTE,z 表示介电常数在 z 向的平均变化量

3.3 介质埋藏微带天线的馈电

3.3.1 微带线馈电法的优缺点

微带线馈电[131]又称边馈,如图3-3所示,由于用微带线馈电时,馈线与微带贴片是共面的,因而它的优点是可方便地光刻,制作简便;缺点是馈电本身也引起辐射,从而干扰天线方向图,降低增益。解决方法是设计时使微带线宽度 w 不能太宽,一般 $w \ll \lambda$。还要求微带天线特性阻抗 Z_c 应高些或基片厚度 h 应小,介电常数 ε_r 要大。微带线馈电时,天线输入阻抗与馈线特性阻抗的匹配方法可由适当选择馈电点位置来解决。当馈电点沿矩形贴片的两边移动时,天线谐振电阻变化。对于TM$_{10}$模,馈电点沿馈电边(x轴)移动时阻抗调节范围很大。微带线也可通过间隔伸入贴片内部,以获得所需阻抗。

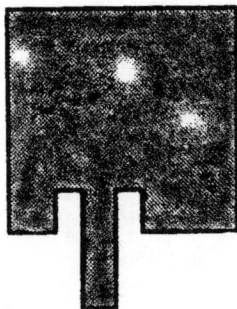

图3-3 微带天线的微带线馈电方式

馈电点位置的改变将使馈线与天线间的耦合改变,因而使谐振频率有一个小的漂移,但方向图一般不会受影响(只要仍保证主模工作)。频率的小漂移可通过稍稍修改贴片尺寸来补偿。

在理论计算中,微带馈源的模型可等效为沿 z 轴方向的一个薄电流片,其背后为空腔磁壁。为计入边缘效应,此电流片的宽度 d_0 比微带宽度 w 宽(取有效宽度)。

3.3.2 同轴线馈电法的优缺点及模型

同轴线馈电是利用接地板上的小孔伸入谐振空腔内的探针激励贴片天线,探针与同轴线的内导体相连,同轴线的外导体与接地

板相连,如图 3 - 4 所示。同轴线
馈电的优点一是馈电点可置于贴
片空腔内任意位置,便于天线与
馈线的匹配;二是馈线位于接地
板的下方,不会对天线辐射造成
影响。其缺点是不便于集成,用
于天线阵时加工工作量大。

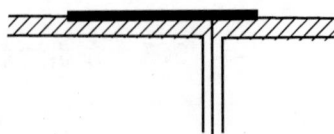

图 3 - 4　微带天线的同轴线
馈电方式

这种馈源的理论模型,可表示为 z 向电流圆柱和接地板上同
轴开口处的小磁流环。其简化处理是略去磁流的作用,并用中心
位于圆柱中心轴的电流片来等效电流柱。一种更严格的处理,是
把接地板上的同轴开口作为传 TEM 波的激励源,而把圆柱探针的
效应按边界条件来处理。天线设备作为一个单口元件,在输入端
面上常体现为一个阻抗元件或等效阻抗元件与相连接的馈线或电
路匹配的问题。

微带辐射器的输入阻抗或输入导纳是一个基本常数。因此应
精确地知道输入导纳,以便在单元和馈线之间做到良好的匹配。
下面重点研究输入阻抗计算模型。

在文献[4]中,介绍了一种比较完备的用传输线模型计算微
带天线输入阻抗的方法。在这种方法中考虑了天线辐射缝之间的
互耦,可适用于任意的馈电点。其等效电路见图 3 - 5。图中,Y_s
为辐射缝的自导纳;γ_m 为辐射缝的互导纳(已计入辐射缝的互
耦);Y_e 为贴片形成的传输线特性导纳;γ 为贴片形成的传输线复
传播常数($\gamma = \alpha + j\beta$)。则由图 3 - 5 所示的三端口网络的导纳矩
阵为

$$
\begin{bmatrix} I_1 \\ I_2 \\ I_3 \end{bmatrix} = \begin{bmatrix} Y_s + Y_e \coth(\gamma L_1) & -Y_m & -Y_e \operatorname{csch}(\gamma L_1) \\ -Y_m & Y_s + Y_e \coth(\gamma L_2) & -Y_e \operatorname{csch}(\gamma L_2) \\ -Y_e \operatorname{csch}(\gamma L_1) & -Y_e + \operatorname{csch}(\gamma L_2) & Y_e \coth(\gamma L_1) + Y_e \coth(\gamma L_2) \end{bmatrix}
$$
$$
\begin{bmatrix} V_1 \\ V_2 \\ V_3 \end{bmatrix}
$$

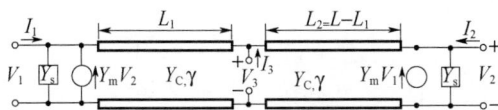

图 3-5 传输线模型

在文献[4]中介绍了把贴片辐射器的外部储能和辐射能量的影响看作壁导纳,实部对应辐射功率,虚部对应辐射器的外部储能。利用模式展开模型,得到壁导纳 Y_w 的近似关系式。通过距离 L_1 和 L_2 的换算后,可得任意馈电点的输入导纳为

$$Y_1 = Y_2 \left[\frac{Z_0\cos\beta L_1 + jZ_w\sin\beta L_1}{Z_w\cos\beta L_1 + jZ_0\sin\beta L_1} + \frac{Z_0\cos\beta L_2 + jZ_w\sin\beta L_2}{Z_w\cos\beta L_2 + jZ_0\sin\beta L_2} \right]$$

式中,

$$Z_w = 1/Y_w; Y_w = G_w + jB_w$$

$$G_w = 0.00836 W/\lambda_0$$

$$B_w = 0.016668 \frac{\Delta l}{h} \frac{W}{\lambda_0} \varepsilon_e$$

$$\varepsilon_e = \frac{\varepsilon_e + 1}{2} + \frac{\varepsilon_r - 1}{2} \left(1 + \frac{12h}{W} \right)^{-1/2}$$

$$\frac{\Delta l}{h} = 0.412 \frac{(\varepsilon_e + 0.3)(W/h + 0.264)}{(\varepsilon_e - 0.258)(W/h + 0.8)}$$

式中,Z_0 是微带天线的特性阻抗。

当用探针馈电时,总输入阻抗还应加上引线电感 jX_L,它可用充填介质的平行板波导中的探针电抗来近似计算。设探针厚度为 d_0,有

$$X_L = \frac{377h}{\lambda_0} \ln \frac{\lambda_0}{\pi d_0 \sqrt{\varepsilon_r}}$$

考虑到辐射贴片与地之间的电容效应,用平行板电容器的电容公式可得其等效电容为

$$C = \frac{\varepsilon_0 \varepsilon_r S}{d}$$

式中,S 为平行板面积;d 为两板之间的距离。这里,$S = W \times L$,$d = h$,其中容抗 jX_C 为

$$X_C = 1/j\omega C = 1/j2\pi f_\tau C$$

因此,输入阻抗为

$$Z_{in} = Z_1 + jX \qquad (Z_1 = 1/Y_1)$$

式中,jX 为 jX_L 和 jX_C 的并联值:

$$X = \frac{X_L X_C}{X_L + X_C}$$

3.3.3　电磁耦合型馈电方法

从 20 世纪 80 年代以来,出现了多种电磁耦合型馈电方式。其结构上的共同特点是贴近(无接触)馈电,可利用馈线本身,也可通过一个口径(缝隙)来形成馈线与天线间的电磁耦合。因此它们也可统称为贴近式馈电,如图 3-6 所示。这对于多层阵中的层间连接问题,是一种有效的解决方法,并且大多能获得宽频带的驻波比特性[132]。

图 3-6　微带天线的电磁耦合馈电方式

电磁耦合型馈电是利用与贴片靠近但不相连的微带传输线对贴片馈电,微带线与贴片可以共面也可以不共面。在不共面电磁耦合型馈电结构中,还可以在馈线与贴片之间插入一矩形缝隙的接地板,微带线通过缝隙对贴片馈电,调节缝隙尺寸可以方便地控制馈线与贴片之间的耦合。采用长度比贴片尺寸稍小的缝隙一般可获得满意的匹配。

3.3.4　介质埋藏微带天线阵的馈电方法

介质埋藏微带天线阵的馈电网络的主要任务是保证各阵元具有所要求的激励振幅和相位,以便形成所要求的方向图,或者使天线性能各项指标最佳。对馈电网络的主要要求是阻抗匹配、损耗小、频带宽和结构简单等。阵的馈电形式主要有并联和串联馈电两种形式,也有两种形式的组合。

1. 串联馈电形式及特点

串联馈电是将天线阵元用微带传输线串联起来。此时,对馈电的主传输线来说,每一天线阵元都等效为一个四端网络。所以,从等效网络观点来看,这种馈电形式确切地说是一种级联形式的馈电。每一阵元的等效四端网络可以有多种形式,它既可以是一个并联导线,也可以是一个串联阻抗或更一般形式的 T 形、π 形或变压器形式的等效网络。对于矩形贴片微带天线元,就可等效为一并联导纳的四端网络。当考虑互耦影响时,此并联导纳由矩形贴片的自导纳加上其它各元对它的互导纳。

串联馈电形式,根据传输线终端所接负载不同,又可以分为行波串联馈电和谐振串联馈电。串联馈电阵设计比并联馈电阵设计要复杂一些,特别在考虑各元间互耦影响时,需要采用迭代法来设计,以保证各元所要求的激励振幅和相位。

串联馈电阵各元所要求的激励振幅和相位是通过改变各天线尺寸来达到的。所以,一个具有幅度或相位加权的串联阵,各天线元的尺寸一般是不相同的。这点与并联馈电阵不同。谐振串联馈电无论从阻抗匹配,还是从方向图特性来讲,一般都是窄频带的。当频率变化时,由于相位的变化,使波束指向改变。但这种馈电形式效率较高,传输损耗也较小。馈电网络结构既简单又紧凑。行波馈电的阻抗匹配频带较宽,但波束指向随频率改变。另一缺点是馈电效率较低,因为在终端负载上要消耗一部分功率。

2. 并联馈电形式及特点

并联馈电是利用若干个功率分配器,将输入功率分配到各个阵元。功率分配器可以分成两路、三路或多路。但为了使馈电结构中最大和最小阻抗之比最小,通常多采用两路功率分配器。对于并联馈电阵,当所有阵元相同时,各元所要求的振幅分布可以利用改变功率分配器的各路功率分配比来实现,而各阵元所要求的相位分布,可采用控制各路馈电线长度或附加移相器来实现。例如对于同相阵,则可以利用各路馈线等长或相差馈线波长的整数倍来保证各元同相激励。对于相控阵天线则要采用电控移相器来实现波束扫描所要求的相位分布。对功率分配器除要求保证功率分配比外,还要求各路输出之间有较好的隔离。

并联馈电网络的设计是比较简单和直接的。当选定阵元的形式和尺寸后,根据各元所要求的激励振幅和相位,考虑到互耦影响,可计算出各元的输入阻抗。已知阵元的输入阻抗、所要求的激励振幅和相位后,就可以设计功率分配器和馈线的布局(要考虑长度以保证相位)。并联馈电微带天线阵的阵元较少时,通常可将微带功率分配器和馈线与阵元都集成在同一块介质基板上,称为单面阵。当阵元数目较多或阵面空间较拥挤时,也可以将微带功率分配器的一部分或全部放在阵面后面,组成多层阵。此时各元用同轴探针激励,或者上下层功率分配器之间用同轴探针相连,为此必须要求各层具有金属化孔,并要求各层之间严格对准。阵元数多时,需要采用多级功率分配器,为了减少损耗和提高功率容量,对靠近输入端的前面几级功率分配器也可采用波导、同轴线或板线式功率分配器和馈线。

并联馈电具有的特点:设计比较简单,各元所要求的激励振幅和相位可以通过设计馈电网络来实现。当馈线等长时,波束指向与频率无关,所以频带宽度主要取决于阻抗匹配的频带,比较容易实现宽频带。这种馈电形式既适用于固定波束阵,又适用于电控移相器进行波束扫描的相控阵。它的缺点是需要许多功率分配器,馈线总长度较长,这不仅占据了空间,也大大增加了传输损耗。同时,使整个馈电网络比较复杂。

3. 串、并联馈电形式的比较

串联馈电阵与并联馈电阵相比,前者馈电电路简单,馈线总长度较短,所以馈线损耗较小。因为不需要功率分配器,所以空间利用也比并联馈电要好。行波串联馈电阵阻抗匹配频带宽。但串联馈电阵设计要复杂一些。其波束指向随频率变化。如果采用中心串联馈电,其波束指向将不随频率变化。

第四章　介质埋藏准微带对称
振子天线设计与研究

巨人之所以高,是因为他们站在前人的肩膀上。

目前,国内外学者在研究微带贴片天线的性能受其上覆盖介质的影响时,都是以典型的微带贴片天线,即基片的一面全部加敷铜片,另一面则加小块的贴片(贴片长为 L,宽为 w)为例子,再将几层不同介质覆盖在微带天线上,来研究覆盖物对天线性能的影响情况。本书将从另一种微带天线开始研究,这种研究的启示是缝隙微带线(不是缝隙微带天线)结构,出于以后构建八木天线激励振子的需要,我们将狭缝微带线的两贴片改成微带振子,就变成了两贴片对称振子,但由于基片的另一面没有敷铜片,不是完全意义的微带振子天线,所以称之为"准微带振子天线"。我们在这种准微带振子天线的贴片上无缝隙地覆盖一层与基片完全相同材料性质和结构尺寸的介质,这样就将准微带振子天线埋在介质中了,形成了我们要研究的介质埋藏准微带对称振子天线。显然,这两种天线的区别是:前者有接地板,振子贴片处于半自由空间中,后者没有接地板,振子贴片被埋藏在介质中。可见,这种埋藏式结构对于振子贴片有良好的保护作用。

本章先建立介质埋藏准微带振子天线的结构和理论分析模型,它是进行数值计算的基础;然后对四种情形下的对称振子天线进行设计与性能研究,并通过仿真计算、实物天线测试等方法验证了介质埋藏准微带对称振子天线结构的正确性;再研究了对称振子的长度和宽度变化对天线性能的影响规律;最后探讨了基片形状变化对介质埋藏准微带对称振子天线性能影响情况,为后面研究八木天线的激励振子等打下基础。

4.1 介质埋藏准微带振子天线模型的建立

4.1.1 介质中振子天线的积分方程法分析

图 4-1 示出微带振子几何关系图,设微带振子长边(长为 L)沿 x 方向,宽边(宽度 w)沿 y 方向,且宽度 w 远小于长度 L,置于①、②两层介质中(图 4-1(a)),图中加粗部分表示金属(铜)片。

1. 电流分布

由于 $w \ll \lambda_0$,只需考虑 x 方向电流,于是得 $\boldsymbol{E}$(黑斜体字表示矢量,下文同)的 x 分量为:

$$E_x = -\mathrm{j}\omega\mu_0 \int_L G_{xx} I(x') \, \mathrm{d}x' \tag{4.1.1}$$

式中,$\boldsymbol{G}_{xx}$ 为 $\boldsymbol{G}_{xx}^{\mathrm{T}}$ 的傅里叶反变换,$\boldsymbol{G}_{xx}^{\mathrm{T}}$ 为谱域格林函数表达式,可用谱域导抗法求出。

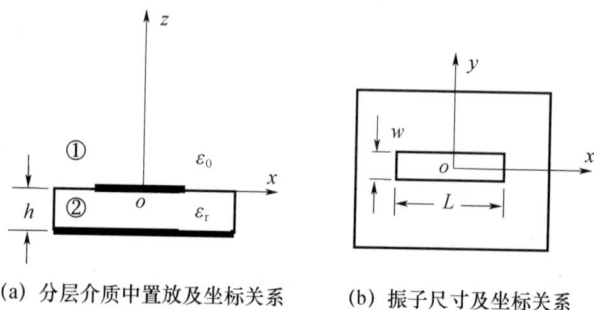

(a) 分层介质中置放及坐标关系 (b) 振子尺寸及坐标关系

图 4-1 微带振子几何关系示意图

可见,只要我们能求出 $\boldsymbol{G}_{xx}^{\mathrm{T}}$,就可求出 $\boldsymbol{G}_{xx}$,进而可求得 E_x,最后由 E_x 求出电流分布 I。

1) 求 $\boldsymbol{G}_{xx}^{\mathrm{T}}$

设在线性介质空间中的任意一源点 $\boldsymbol{R}'$ 处,有一电流元 $\boldsymbol{J}(\boldsymbol{R}') = \hat{x}J_x + \hat{y}J_y + \hat{z}J_z$,则它在场点 R 处的电场表示为 $E(R) = \hat{x}E_x + \hat{y}E_y + \hat{z}E_z$。

为计算方便,将上述矢量表示成矩阵为

$$\begin{bmatrix} E_x \\ E_y \\ E_z \end{bmatrix} = -j\omega\mu_0 \begin{bmatrix} G_{xx} & G_{xy} & G_{xz} \\ G_{yx} & G_{yy} & G_{yz} \\ G_{zx} & G_{zy} & G_{zz} \end{bmatrix} \begin{bmatrix} J_x \\ J_y \\ J_z \end{bmatrix} \quad (4.1.2)$$

式中,G_{xx}就是单位电流元在 x 方向所产生的 E 的 x 分量;作为一般性:G_{ij}是单位电流元在 j 方向产生的 E 的 i 分量。

式(4.1.2)还可写成

$$[E(R)] = -j\omega\mu_0 [G(R,R')][J(R')] \quad (4.1.3a)$$

式(4.1.3a)还可以用矢量表示如下

$$E(R) = -j\omega\mu_0 G(R,R') \times J(R') \quad (4.1.3b)$$

上式中的 $G(R,R')$ 就是电流源的电场并矢格林函数,它代表式(4.1.2)中的 3×3 方阵。

根据式(4.1.3b),如果 $J(R')$ 分布在有限体积 v 中,则该场源所产生的场为

$$E(R) = -j\omega\mu_0 \int_v G(R,R') \cdot J(R') \, dv' \quad (4.1.3c)$$

于是,只要能求得 G,对于各种不同的源分布,都可以用上式积分求得。

在微带天线分析中,目前求电磁场并矢格林函数的方法最常用的是散射叠加法和谱域导抗法,我们选用谱域导抗法(SDI—Spectral Domain Immittance Approach)[133]。

首先,我们定义二维傅里叶变换为

$$\psi^T(k_x,k_y,z) = \int_{-\infty}^{\infty}\int_{-\infty}^{\infty} \psi(x,y,z) e^{j(k_x x + k_y y)} dx dy \quad (4.1.4)$$

则其反变换为

$$\psi(x,y,z) = \frac{1}{(2\pi)^2} \int_{-\infty}^{\infty}\int_{-\infty}^{\infty} \psi^T(k_x,k_y,z) e^{j(k_x x + k_y y)} dx_k dy_k$$

$$(4.1.5)$$

将此变换技术应用于式(4.1.3b)后,有

$$\boldsymbol{E}^{\mathrm{T}}(k_x, k_y, z) = -\mathrm{j}\omega\mu_0 \boldsymbol{G}^{\mathrm{T}}(k_x, k_y, z, z') \cdot \boldsymbol{J}^{\mathrm{T}}(k_x, k_y, z')$$

$$(4.1.6)$$

这样,要求 $\boldsymbol{G}^{\mathrm{T}}(k_x, k_y, z, z')$ 中的 $\boldsymbol{G}_{ij}$ 元素,就变成了求单位电流元在 j 向谱域单位电流所产生的 $\boldsymbol{E}^{\mathrm{T}}(k_x, k_y, z)$ 的 i 向分量。

式(4.1.5)中的 $\psi(x, y, z)$ 代表空间任意点的场分量,它的物理含义:$\psi(x, y, z)$ 就是无限多具有不同 k_x 和 k_y 值的不均匀(对 z)平面波的叠加。即,这样处理就是把 $\psi(x, y, z)$ 按平面波谱展开,这些平面波的横向(垂直于 $\hat{z}$)传播矢量为

$$\boldsymbol{k}_t = \hat{\boldsymbol{x}}k_x + \hat{\boldsymbol{y}}k_y = \boldsymbol{v}\,k_t, k_t = \sqrt{k_x^2 + k_y^2} \qquad (4.1.7)$$

设 $\hat{v}$ 与 $\hat{x}$ 的夹角为 δ,则 $\delta = \arccos(k_x/k_y)$,由图 4-2 可看出,坐标 v、u 与 x、y 之间的变换关系为

$$\begin{bmatrix} \hat{\boldsymbol{u}} \\ \hat{\boldsymbol{v}} \end{bmatrix} = \begin{pmatrix} \sin\delta & -\cos\delta \\ \cos\delta & \sin\delta \end{pmatrix} \begin{bmatrix} \hat{\boldsymbol{x}} \\ \hat{\boldsymbol{y}} \end{bmatrix}, \begin{bmatrix} \hat{\boldsymbol{x}} \\ \hat{\boldsymbol{y}} \end{bmatrix} = \begin{pmatrix} sin\delta & cos\delta \\ -cos\delta & sin\delta \end{pmatrix} \begin{bmatrix} \hat{\boldsymbol{u}} \\ \hat{\boldsymbol{v}} \end{bmatrix}$$

$$(4.1.8)$$

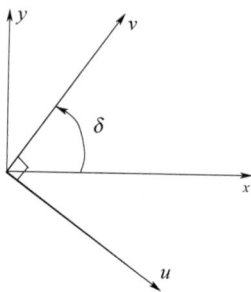

图 4-2 $x-y$ 坐标系与 $u-v$ 坐标系变换示意图

于是,每个平面波都可以分解为对 z 的 TM 波($E_z^{\mathrm{T}}, E_v^{\mathrm{T}}, H_u^{\mathrm{T}}$)和对 z 的 TE 波($H_z^{\mathrm{T}}, E_u^{\mathrm{T}}, H_v^{\mathrm{T}}$)。实际上,如图 4-3(a)所示,①电流元 J_u^{T} 只能产生对 z 的 TE 波,因为 J_u^{T} 不可能产生与它方向相同的 u 向磁场,即 $H_u^{\mathrm{T}} = 0$;②电流元 J_v^{T} 只能产生对 z 的 TM 波,因 $H_v^{\mathrm{T}} = 0$,所以,对电流源 J_v^{T} 可得出其 TM 波等效传输线电路,对电流源 J_u^{T} 则有 TE 波等效传输线电路,如图 4.3(b)所示。等效传输线的电压

70

和电流分别为 TM 波或 TE 波的横向电场(E_v^T 或 E_u^T)和横向磁场(H_v^T 或 H_u^T)。等效传输线的波导纳为

$$Y_{ei} = \begin{cases} -\dfrac{H_u^T}{E_v^T} = \dfrac{j\omega\varepsilon_i}{\gamma_i}, E \ \text{模（TM）} \\[3mm] \dfrac{H_v^T}{E_u^T} = \dfrac{\gamma_i}{j\omega\mu_i}, H \ \text{模（TE）} \end{cases} \tag{4.1.9}$$

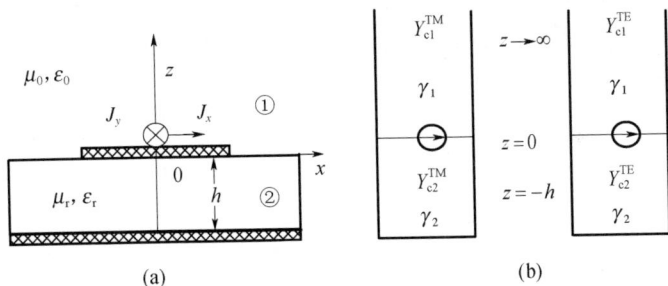

图 4-3　分层结构及其谱域等效电路

从上等效电路图中可以看出：$z = -h$ 处的导体边界在等效电路中用短路条件来表示，而 $z \to \infty$ 处的辐射条件对应于无限长的传输线，$z = 0$ 处切向电场连续的条件反映在 $z = 0$ 处接头两侧的电压相等上，而贴片两侧的磁场不连续则由谱域波电流源 J_v^T 或 J_u^T 来表达。

我们知道，z 向传播常数为

$$\gamma_i^2 = k_x^2 + k_y^2 - k_0^2\varepsilon_{ri}, k_0 = \omega\sqrt{\mu_0\varepsilon_0}, \varepsilon_{ri} = \dfrac{\varepsilon_i}{\varepsilon_0} \tag{4.1.10}$$

在分层微带振子天线中，$\mu_1 = \mu_2 = \mu_0, \varepsilon_{r1} = 1, \varepsilon_{r2} = \varepsilon_r$，故

$$\begin{cases} \gamma_1 = (k_x^2 + k_k^2 - k_0^2\varepsilon_r)^{1/2} = j(k_0^2\varepsilon_r - k_x^2 - k_y^2)^{1/2} = jk_{z0} \\ \gamma_2 = (k_x^2 + k_k^2 - k_0^2\varepsilon_r)^{1/2} = j(k_0^2\varepsilon_r - k_x^2 - k_y^2)^{1/2} = jk_{z2} \end{cases}$$
$$\tag{4.1.11}$$

根据上述等效电路中所反映的边界条件可以求得：$z = 0$ 处的等效电路中等效阻抗

$$Z^{\mathrm{T}} = \frac{1}{Y_+ + Y_-} \qquad (4.1.12)$$

$$\begin{cases} Y_+ = Y_{c1} \\ Y_- = Y_{c1}\,\mathrm{cth}\gamma_2 h \end{cases} \qquad (4.1.13)$$

式中，Y_+ 和 Y_- 分别是图 4-3 中，在 $z=0$ 处向上和向下看去的输入导纳。

考虑到，对 E 模和 H 模，这些量是不同的，分别用下标 E 或 H 加以区别开来，于是便可得出 $z=0$ 处的电路电压 E_u^{T}、E_v^{T} 与源电流 J_u^{T}、J_v^{T} 的关系：

$$\begin{cases} E_u^{\mathrm{T}}(k_x,k_y,0) = Z_H^{\mathrm{T}}(k_x,k_y)J_u^{\mathrm{T}}(k_x,k_y,0) \\ E_v^{\mathrm{T}}(k_x,k_y,0) = Z_E^{\mathrm{T}}(k_x,k_y)J_v^{\mathrm{T}}(k_x,k_y,0) \end{cases} \qquad (4.1.14\mathrm{a})$$

用矩阵表示成

$$\begin{bmatrix} E_u^{\mathrm{T}} \\ E_v^{\mathrm{T}} \end{bmatrix} = \begin{pmatrix} Z_H^{\mathrm{T}} & 0 \\ 0 & Z_E^{\mathrm{T}} \end{pmatrix} \begin{bmatrix} J_u^{\mathrm{T}} \\ J_v^{\mathrm{T}} \end{bmatrix} \qquad (4.1.14\mathrm{b})$$

根据坐标变换关系式(4.1.8)，式(4.1.14b)可写成

$$\begin{bmatrix} E_x^{\mathrm{T}} \\ E_y^{\mathrm{T}} \end{bmatrix} = \begin{pmatrix} \sin\delta & \cos\delta \\ -\cos\delta & \sin\delta \end{pmatrix} \begin{bmatrix} E_u^{\mathrm{T}} \\ E_v^{\mathrm{T}} \end{bmatrix}$$

$$\begin{pmatrix} \sin\delta & \cos\delta \\ -\cos\delta & \sin\delta \end{pmatrix} \begin{pmatrix} Z_H^{\mathrm{T}} & 0 \\ 0 & Z_E^{\mathrm{T}} \end{pmatrix} \begin{pmatrix} \sin\delta & -\cos\delta \\ \cos\delta & \sin\delta \end{pmatrix} \begin{bmatrix} J_x^{\mathrm{T}} \\ J_y^{\mathrm{T}} \end{bmatrix}$$

进行矩阵乘法运算得到

$$\begin{bmatrix} E_x^{\mathrm{T}} \\ E_y^{\mathrm{T}} \end{bmatrix} = \begin{pmatrix} Z_H^{\mathrm{T}}\sin^2\delta + Z_E^{\mathrm{T}}\cos^2\delta & (-Z_H^{\mathrm{T}} + Z_E^{\mathrm{T}})\sin\delta\cos\delta \\ (-Z_H^{\mathrm{T}} + Z_E^{\mathrm{T}})\sin\delta\cos\delta & Z_H^{\mathrm{T}}\cos^2\delta + Z_E^{\mathrm{T}}\sin^2\delta \end{pmatrix} \begin{bmatrix} J_x^{\mathrm{T}} \\ J_y^{\mathrm{T}} \end{bmatrix}$$

$$(4.1.15)$$

将上式与式(4.1.6)对比知，上式中的阻抗函数就相当于格林函数 G_{ij}^{T}，故可用谱域格林函数来表达为

$$\begin{bmatrix} E_x^{\mathrm{T}} \\ E_y^{\mathrm{T}} \end{bmatrix} = -\mathrm{j}\omega\mu_0 \begin{pmatrix} G_{xx}^{\mathrm{T}} & G_{xy}^{\mathrm{T}} \\ G_{yx}^{\mathrm{T}} & G_{yy}^{\mathrm{T}} \end{pmatrix} \begin{bmatrix} J_x^{\mathrm{T}} \\ J_y^{\mathrm{T}} \end{bmatrix} \qquad (4.1.16)$$

这里

$$\begin{cases} -\,\mathrm{j}\omega\mu_0 G_{xx}^{\mathrm{T}} = Z_H^{\mathrm{T}}\sin^2\delta + Z_E^{\mathrm{T}}\cos^2\delta \\ -\,\mathrm{j}\omega\mu_0 G_{yy}^{\mathrm{T}} = Z_H^{\mathrm{T}}\cos^2\delta + Z_E^{\mathrm{T}}\sin^2\delta \\ -\,\mathrm{j}\omega\mu_0 G_{xy}^{\mathrm{T}} = -\,\mathrm{j}\omega\mu_0 G_{yx}^{\mathrm{T}} = (-Z_H^{\mathrm{T}} + Z_E^{\mathrm{T}})\sin\delta\cos\delta \end{cases}$$

$$(4.1.17)$$

而

$$Z_H^{\mathrm{T}} = \frac{\mathrm{j}\omega\mu_0}{\gamma_1 + \gamma_2\mathrm{cth}\gamma_2 h}, Z_E^{\mathrm{T}} = \frac{\gamma_1\gamma_2\mathrm{th}\gamma_2 h}{\mathrm{j}\omega\varepsilon_0(\gamma_1\varepsilon_r + \gamma_2\mathrm{th}\gamma_2 h)}$$

$$(4.1.18)$$

$$\cos^2\delta = \frac{k_x^2}{k_x^2 + k_y^2}, \sin^2\delta = \frac{k_x^2}{k_x^2 + k_y^2}, \sin\delta\cos\delta = \frac{k_x k_y}{k_x^2 + k_y^2}$$

$$(4.1.19)$$

将式(4.1.19)和式(4.1.18),代入式(4.1.17)中,可将式(4.1.17)进一步表示为

$$\begin{cases} -\,\mathrm{j}\omega\mu_0 G_{xx}^{\mathrm{T}} = \dfrac{1}{\mathrm{j}\omega\varepsilon_0 T_H T_E}\left[(k_x^2 - k_0^2\varepsilon_r)\gamma_1 + (k_x^2 - k_0^2)\gamma_2\mathrm{th}\gamma_2 h\right] \\[2mm] -\,\mathrm{j}\omega\mu_0 G_{yy}^{\mathrm{T}} = \dfrac{1}{\mathrm{j}\omega\varepsilon_0 T_H T_E}\left[(k_y^2 - k_0^2\varepsilon_r)\gamma_1 + (k_y^2 - k_0^2)\gamma_2\mathrm{th}\gamma_2 h\right] \\[2mm] -\,\mathrm{j}\omega\mu_0 G_{xy}^{\mathrm{T}} = -\,\mathrm{j}\omega\mu_0 G_{yx}^{\mathrm{T}} = \dfrac{1}{\mathrm{j}\omega\mu_0 T_H T_E}k_x k_y(\gamma_1 + \gamma_2\mathrm{th}\gamma_2 h) \\[2mm] T_H = \gamma_1 + \gamma_2\mathrm{cth}\gamma_2 h, T_E = \gamma_1\varepsilon_r + \gamma_2\mathrm{th}\gamma_2 h \end{cases}$$

$$(4.1.20\mathrm{a})$$

将 $\gamma_1 = \mathrm{j}k_{z0}, \gamma_2 = \mathrm{j}k_{z2}, \mathrm{thj}k_{z2} = \mathrm{j}\tan k_{z2}h, \mathrm{cthj}k_{z2} = -\,\mathrm{j}\cot k_{z2}h$ 代入上式,整理得

$$\begin{cases} G_{xx}^{\mathrm{T}} = \dfrac{1}{k_0^2 T_H T_E}\left[-\,\mathrm{j}(k_0^2\varepsilon_r - k_x^2)k_{z0} + (k_0^2 - k_x^2)k_{z2}\tan k_{z2}h\right] \\[2mm] G_{yy}^{\mathrm{T}} = \dfrac{1}{k_0^2 T_H T_E}\left[-\,\mathrm{j}(k_0^2\varepsilon_r - k_y^2)k_{z0} + (k_0^2 - k_x^2)k_{z2}\tan k_{z2}h\right] \\[2mm] G_{xy}^{\mathrm{T}} = G_{yx}^{\mathrm{T}} = \dfrac{1}{k_0^2 T_H T}k_x k_y(\mathrm{j}k_{z0} - k_{z2}\tan k_{z2}h) \\[2mm] T_H = \mathrm{j}k_{z0} + k_{z2}\cot k_{z2}h, T_E = \mathrm{j}k_{z0}\varepsilon_r - k_{z2}\tan k_{z2}h \end{cases}$$

$$(4.1.20\mathrm{b})$$

至此,求出了 G_{xx}^{T}。

2) G_{xx} 的求取

下面再根据 G_{xx}^{T} 求 G_{xx}[134],把式(4.1.20b)中的 G_{xx}^{T} 改写为

$$G_{xx}^{\mathrm{T}} = \frac{(k_x^2 - k_0^2 \varepsilon_r)\gamma_1 + (k_x^2 - k_0^2)\gamma_2 \mathrm{th}\gamma_2 h}{k_0^2(\gamma_1 + \gamma_2 \mathrm{cth}\gamma_2 h)(\gamma_1 \varepsilon_r + y_2 \mathrm{th}\gamma_2 h)}$$

$$= \frac{k_x^2 - k_0^2}{k_0^2(\gamma_1 + \gamma_2 \mathrm{cth}\gamma_2 h)} - \frac{k_x^2(\varepsilon_r - 1)}{k_0^2(\gamma_1 + \gamma_2 \mathrm{cth}\gamma_2 h)(\gamma_1 \varepsilon_r + \gamma_2 \mathrm{th}\gamma_2 h)}$$

$$(4.1.21)$$

再利用式(4.1.5),将式(4.1.16)由谱域转换成空域并矢格林函数表达式

$$\boldsymbol{G} = \begin{pmatrix} G_{xx} & G_{xy} \\ G_{yx} & G_{yy} \end{pmatrix} = \frac{1}{(2\pi)^2} \int_{-\infty}^{\infty}\int_{-\infty}^{\infty} \begin{pmatrix} G_{xx}^{\mathrm{T}} & G_{xy}^{\mathrm{T}} \\ G_{yx}^{\mathrm{T}} & G_{yy}^{\mathrm{T}} \end{pmatrix} \mathrm{e}^{-j(k_x x + k_y y)} \mathrm{d}x\mathrm{d}y$$

令 $k_x = k_p\cos\varphi, k_y = k_p\sin\varphi'$,则上式的积分域可变换为

$$k_x x + k_y y = k_p\cos\varphi' \cdot p\cos\varphi + k_p + \sin\varphi' \cdot p\sin\varphi = k_p p\cos(\varphi' - \varphi)$$

于是可以得出

$$\boldsymbol{G}_{xx} = \frac{1}{(2\pi)^2}\int_0^{\infty}\int_0^{2x} G_{xx^e}^{\mathrm{T}} \mathrm{e}^{-jk_p p\cos-(\varphi'-\varphi)} k_p \mathrm{d}k_p \mathrm{d}\varphi'$$

$$= \frac{1}{2\pi}\int_0^{\infty} G_{xx}^{\mathrm{T}} J_0(k_p p) k_p \mathrm{d}k_p \qquad (4.1.22)$$

这里

$$J_0(x) = \frac{1}{2\pi}\int_0^{2x} \mathrm{e}^{-jx\cos(\varphi'-\varphi)} \mathrm{d}\varphi' \qquad (4.1.23)$$

3) E_x 的求取

可以将式(4.1.22)和式(4.1.23)代入式(4.1.1),经整理后,便有

$$E_x = \int_L \left[k_0^2 G_x + \frac{\partial^2}{\partial x^2}(G_x - G) \right] I(x')\mathrm{d}x' \qquad (4.1.24\mathrm{a})$$

上式中

74

$$\begin{cases} G_x = \dfrac{j\omega\mu_0}{2\pi k_0^2} \int_0^\infty J_0(k_p p) \dfrac{\mathrm{sh}\gamma h}{f_H(k_p h)} k_p \mathrm{d}k_p \\[3mm] G = \dfrac{j\omega\mu_0}{2\pi k_0^2}(\varepsilon_r - 1) \int_0^\infty J_0(k_p p) \dfrac{\mathrm{sh}\gamma h}{f_H(k_p h)} \dfrac{\mathrm{ch}\gamma h}{f_E(k_p, h)} \gamma_0 k_p p \mathrm{d}k_p \\[3mm] f_H(k_p, h)\gamma_0 \mathrm{sh}\gamma h + \gamma \mathrm{ch}\gamma h \\[2mm] f_E(k_p, h) = \varepsilon_r \gamma_0 \mathrm{ch}\gamma h + \gamma \mathrm{sh}\gamma h \\[2mm] p = [(x - x')^2 + (y - y')^2]^{1/2} \\[2mm] \gamma_0 = \gamma_1 = (k_p^2 - k_p^2)^{1/2}, \gamma = \gamma_2 (k_p^2 - k_0^2 \varepsilon_r)^{1/2} \end{cases}$$

$$(4.1.24b)$$

注意在上式中,已考虑到$(\partial^2/\partial x^2) G_{xx} = -k_x^2 G_{xx}$。

4)电流分布表达式

求出了电场的表达式后,再来求电流分布表达式。由于在振子表面有$E_x = 0$,则式(4.1.24a)变为

$$\int_L [k_0^2 G_x + \frac{\partial^2}{\partial x^2}(G_x - G)]I(x')\mathrm{d}x' = 0 \qquad (4.1.25)$$

于是由上式便可得到关于$I(x')$的积分方程,下面用伽略金法求解积分方程。为此,先把振子分成N段,每段长度为$\Delta = L/N$,然后再用分段正弦基函数展开电流表达式

$$I(x') = \sum_{n=1}^{N} I_n f_n(x') \qquad (4.1.26)$$

式中,

$$f_n(x') = \begin{cases} \dfrac{\sin k_0(\Delta - |x' - x_n|)}{\sin k_0}, & x_n - \Delta < x' < x_n + \Delta \\[3mm] 0, & \text{其他} \end{cases}$$

$$(4.1.27)$$

我们选择这种分段正弦基,目的是为了使端点电流边界条件自动满足:$I(-L/2) = I(L/2) = 0$,然后,将此函数作为试验函数,把式(4.1.27)中的变量 x' 换成 x,下标 n 换成 m,再乘以式(4.1.24a)两边,并积分(取内积),得

$$\int_L E_x f_m(x) \mathrm{d}x = \sum_{n-1}^{N} \int_L \left\{ \int_L \left[k_0^2 G_x + \frac{\partial^2}{\partial x^2}(G_x - G) \right] I_n f_n(x') \mathrm{d}x' \right\} f_m(x) \mathrm{d}x$$

$$m = 1,2,\cdots,N \qquad (4.1.28)$$

简写成矩阵形式有

$$[V_m] = [Z_{mn}][I_n] \qquad (4.1.29)$$

式中,$[V_m]$ 是广义电压列矩阵,除激励点外都为零;$[I_n]$ 是待求的电流列矩阵;$[Z_{mn}]$ 为广义阻抗矩阵,由此可求解电流分布如下:

设振子由一理想间隙源在中点激励,其输入阻抗可由 $Z_{in} = V_0/I_0$ 算出,V_0 和 I_0 分别表示振子中心的电压和电流,取 $V_0 = 1V$,则 $I_0 = 1/Z_{in}$。

阻抗矩阵元素 Z_{mn} 的计算可用数值积分来完成。其中对 G_x 和 G 的积分是索末菲积分,主要包含有

$$(k_p^2 - k_0^2)^{1/2} = k_0(\alpha^2 - 1)^{1/2}$$
$$(k_p^2 - k_0^2 \varepsilon_r)^{1/2} = k_0(\alpha^2 - \varepsilon_r)^{1/2}$$

它们是复变量 α 的双值函数。不过,包含 $(\alpha^2 - \varepsilon_r)^{1/2}$ 的因子是 α 的偶函数,没有双值性。这样在 α 的复平面上,$\alpha = \pm 1$ 是支点,作割线使被积函数沿积分路径是单值的。考虑到这是外向传输波,要求 $\mathrm{Re}\alpha > 0$,$\mathrm{Im}\alpha < 0$,故将割线取在第四象限。

由于 α 的积分区间为 $[0,\infty]$,因此可再分为子区间分别进行处理。在 $1 < \alpha < \sqrt{\varepsilon_r}$ 区间上被积函数有极点,极点对应于表面波模。在这些点上积分失效,为此可利用奇异性分离技术,将积分写成:

$$\int_1^{\sqrt{\varepsilon_r}} \frac{f(\alpha)}{\alpha - \alpha_p} \mathrm{d}\alpha = \int_1^{\sqrt{\varepsilon_r}} \frac{f(\alpha) - f(\alpha) - f(\alpha_p)}{\alpha - \alpha_p} \mathrm{d}\alpha + \int_1^{\sqrt{\varepsilon_r}} \frac{f(\alpha_p)}{\alpha - \alpha_p} \mathrm{d}\alpha$$

$$(4.1.30)$$

α_p 为极点。现在右边第一项的被积函数奇异性已消除,可进行数值积分;第二项能够解析积分。

2. 方向图

由文献[9]知,天线在远区 $p(R,\theta,\varphi)$ 点处的电场可表示为

$$E = \hat{\theta} E_\theta + \hat{\varphi} E_\varphi$$

$$\begin{cases} E_{\theta} = j\dfrac{k_0}{2\pi R}e^{-jk_0R}\left[\cos\varphi N_x + \sin\varphi N_y\right] \\[4mm] E_{\varphi} = j\dfrac{k_0}{2\pi R}e^{-jk_0R}\left[-\sin\varphi N_x + \cos\varphi N_y\right]\cos\theta \end{cases} \quad (4.1.31)$$

$$\begin{bmatrix} N_x \\ N_y \end{bmatrix} = \int_{-\infty}^{\infty}\int_{-\infty}^{\infty}\begin{bmatrix} E_x \\ E_y \end{bmatrix}e^{j(k_x x + k_y y)}\mathrm{d}x\mathrm{d}y \quad (4.1.32)$$

$$k_x = k_0\sin\theta\cos\varphi,\ k_y = k_0\sin\theta\sin\varphi \quad (4.1.33)$$

由式(4.1.32)与式(4.1.33)比较知：N_x 和 N_y 就是口径场 E_x 和 E_y 的傅里叶变换，k_x、k_y 值则由式(4.1.33)给出。这就是说，不需要经过傅里叶变换，就可在谱域(傅里叶变换的域)内得出 N_x 和 N_y，于是就避免了进行索末菲积分的计算。因此可将式(4.1.33)代入式(4.1.32)和式(4.1.20b)中求得 E 面和 H 面的方向图分别为

$$F_{\theta}(\theta,0) = F_c(\theta,0)\frac{\cos\theta}{\left|\cos\theta - j\sqrt{\varepsilon_r - \sin^2\theta}\cot(k_0 h\sqrt{\varepsilon_r - \sin^2\theta})\right|}$$

$$\cdot\left|\cos\theta + \frac{(\varepsilon_r - 1)\sin^2\theta}{\varepsilon_r\cos\theta + j\sqrt{\varepsilon_r - \sin^2\theta}\tan(k_0 h\sqrt{\varepsilon_r - \sin^2\theta})}\right|$$

$$(4.1.34)$$

$$F_{\varphi}\left(\theta,\frac{\pi}{2}\right) = F_e\left(\theta,\frac{\pi}{2}\right)\frac{\cos\theta}{\left|\cos\theta - j\sqrt{\varepsilon_r - \sin^2\theta}\cot(k_0 h\sqrt{\varepsilon_r - \sin^2\theta})\right|}$$

$$(4.1.35)$$

上式中的 F_c 可根据上面分析的实际分段电流 I_n 而求出。

3. 增益系数

由坡印廷定理知，天线复输入功率为

$$P_{in} = -\frac{1}{2}\int_{s_c} E \cdot J^* \mathrm{d}s \quad (4.1.36)$$

这个功率可直接在傅里叶变换域算出，将式(4.1.20b)代入式(4.1.32)中得其积分，然后转换成球坐标求得空间波的辐射功率：

$$P_{\mathrm{r}} = P_{\mathrm{sp}} = \int_0^{\frac{\pi}{2}} \int_0^{2\pi} \left[p(\theta, \varphi) \right] \sin\theta \mathrm{d}\theta \mathrm{d}\varphi \qquad (4.1.37)$$

式中，$p(\theta, \varphi) = \dfrac{\eta_0}{2}(\mid H_\varphi^{\mathrm{sp}} \mid^2 + \mid H_\theta^{\mathrm{sp}} \mid^2) R^3$ 就是天线的辐射强度（单位立体角内的辐射功率）。

天线的方向系数

$$D = \frac{4\pi p_M}{p_{\mathrm{r}}} = \frac{4\pi p_M}{\displaystyle\int_0^{\frac{\pi}{2}} \int_0^{2\pi} \left[p(\theta, \varphi) \right] \sin\theta \mathrm{d}\theta \mathrm{d}\varphi} \qquad (4.1.38)$$

式中，p_M 为 $p(\theta, \varphi)$ 的最大值。

天线的发射效率为

$$\eta_{\mathrm{r}} = \frac{P_{\mathrm{r}}}{P} = \frac{P_{\mathrm{r}}}{P_{\mathrm{r}} + P_{\mathrm{c}} + P_{\mathrm{d}} + P_{\mathrm{sw}}} \qquad (4.1.39)$$

式中

$$P_{\mathrm{sw}} = \frac{k_{\rho\rho}}{2\omega\varepsilon_0} \int_0^{2\pi} \int_0^{\infty} \mid H_\varphi^{\mathrm{sw}} \mid^2 R^2 \sin\theta \mathrm{d}\theta \mathrm{d}\varphi$$

（表面波的辐射功率）

$$P_{\mathrm{c}} = 2 \int_0^L \int_0^w \frac{1}{2} \mid J_{\mathrm{s}} \mid^2 R_{\mathrm{s}} \mathrm{d}x \mathrm{d}y = R_{\mathrm{s}} \int_0^L \int_0^w \mid H \mid^2 \mathrm{d}x \mathrm{d}y$$

（导体损耗功率）

$$P_{\mathrm{d}} = \frac{1}{2}\sigma \int_V \mid E_z \mid^2 \mathrm{d}v = \frac{1}{2}(\omega\varepsilon_0\varepsilon_{\mathrm{r}}\tan\delta)h \int_0^L \int_0^w \mid E_z \mid^2 \mathrm{d}x \mathrm{d}y$$

（介质损耗功率）

所以，增益系数可由式(4.1.38)和式(4.1.39)求得

$$G = D \cdot \eta_{\mathrm{r}} \qquad (4.1.40)$$

4. 带宽

谐振微带振子的等效电路跟微带贴片一样，是一个简单的RLC并联谐振电路，其输入阻抗可用其定义式表达，即

$$Z_{in} = \frac{R_r}{1 + jQ\left(\dfrac{f}{f_r} - \dfrac{f_r}{f}\right)} \qquad (4.1.41)$$

将其电抗成分求导(略去负号)后,可求得 Q 表达式,最后据 Q 可得驻波比不大于 ρ 的微带振子的相对带宽为

$$BW_0 = \frac{1}{Q} = \frac{2R_r}{f_r \left.\dfrac{\mathrm{d}X}{\mathrm{d}f}\right|_{f=f_r}} \qquad (4.1.42)$$

考虑到 $\mathrm{d}f/f_r \approx \mathrm{d}(L/\lambda)/(L_r/\lambda)$,有:

$$BW_0 = \frac{2R_r}{\dfrac{L_r}{\lambda} \left.\dfrac{\mathrm{d}X}{\mathrm{d}(L/\lambda)}\right|_{f=f_r}} \qquad (4.1.43)$$

5. 输入阻抗[135]

探针激励的微带输入阻抗可由下式求出:

$$Z_{in} = -\frac{1}{I_0^2} \int E_2 \cdot J^{p*} \, \mathrm{d}v \qquad (4.1.44)$$

式中, J^p 是探针上电流密度,在实际计算中注意探针电流是 z 方向的,所以只要求出 E_2 的 $\hat{z}$ 分量就可以了。

6. 谐振频率

用矩量法求解式(4.1.25)中的 $I(x')$ 的积分方程的第二步骤中是选取实验函数,伽略金积分法就是选取实验函数与基函数相同,由此而得到的 $M+P$ 个线性代数方程组,用矩阵形式表示为

$$
\begin{bmatrix}
A_{11}^{ee} & \cdots & A_{1M}^{ee} & A_{11}^{eh} & \cdots & A_{1p}^{eh} \\
\vdots & & \vdots & \vdots & & \vdots \\
A_{M1}^{ee} & \cdots & A_{MM}^{ee} & A_{M1}^{eh} & \cdots & A_{Mp}^{eh} \\
A_{11}^{he} & \cdots & A_{1M}^{he} & A_{11}^{hh} & \cdots & A_{1p}^{hh} \\
\vdots & & \vdots & \vdots & & \vdots \\
A_{p1}^{he} & \cdots & A_{pM}^{he} & A_{p1}^{hh} & \cdots & A_{pp}^{hh}
\end{bmatrix}
\begin{bmatrix}
a_1 \\
\vdots \\
a_M \\
b_1 \\
\vdots \\
b_p
\end{bmatrix} = 0 \qquad (4.1.45)
$$

上述矩阵方程的元素可用数值积分法求出,从而可解得所需的展开系数 a_m 和 b_m 。令该矩阵方程的系数行列式为零:

$$det[A_{ij}(w)] = 0$$

则可得到非平凡解。上式就是微带结构的本征方程,可用来算出微带天线的谐振频率。

4.1.2 准微带振子天线的定义

1. 准微带振子天线定义

受缝隙微带线(不是缝隙微带天线)结构的启示,我们给出的准微带振子天线定义是:在基片的底面(纸背面)没有任何金属覆盖物,在基片的正面(纸正面)敷有两个长度、宽度都相同的狭窄长方形贴片(宽度远小于其长度),此贴片任何一边的边缘到天线中心的距离都必须小于与其相对应的基片边缘到天线中心的距离,这样的天线称为准微带振子天线。如图4-4所示,图中振子的长度都为 L,宽度都为 w,且 $w \ll L$,两振子的两近邻端间隙为 b。

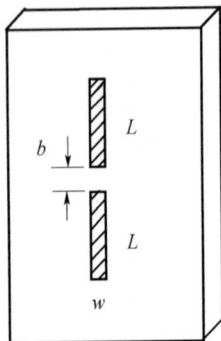

图4-4　准微带振子天线结构示意图

2. 准微带振子天线与微带振子天线的区别

准微带振子天线与微带振子天线既有区别,又有相同之处,它们的不同之处如下:

(1)振子数目不同,前者有两个振子。

(2)基片的另一面不同,前者在基片的另一面没有任何金属覆盖物。

(3)准微带振子天线借鉴了自由空间中的对称振子天线的结

构,故又可称为准微带对称振子天线。在本书中,这两者都表示同一个概念。

准微带振子天线跟微带振子天线相同的地方就是它们的贴片结构尺寸可以相同。

4.1.3　介质埋藏准微带振子天线的定义及结构模型

1. 基本定义及结构

如图 4-4 所示,再用与基片相同材料、形状和尺寸的介质板无缝隙地覆盖在准微带振子天线贴片面的上面,就构成了介质埋藏准微带振子天线。这里一定要注意,振子贴片边缘与基片边缘之间一定要有间隔,即振子贴片任何一边的边缘到天线中心的距离都必须小于与其相对应的基片边缘到天线中心的距离,这样才能保证金属贴片完全被埋藏于介质中,这才符合我们在第一章对介质埋藏微带贴片天线的定义。

在这里我们可以看到三种与微带有关的振子天线:微带振子天线、准微带振子天线和介质埋藏准微带振子天线,他们之间的联系就是都以基片作为根本,微带振子天线是准微带振子天线的基础,准微带振子天线则是介质埋藏准微带振子天线的基础。

2. 理论模型的两个设想

(1) 简化模型。为了便于应用上述微带振子的理论结果,我们根据图 4-1 所示坐标系将图 4-4 放置在三维直角坐标系中,如图 4-5 所示。坐标原点选在上振子的下端和下振子的上端的中心位置。

这里我们用同轴探针馈电,并且馈电位置是在上振子的下端和下振子的上端边缘中点处(图 4-5 中的"×"处):探针与上振子的下边缘中点相连;同轴线外导体(即地)与下振子的上边缘中点相连,于是上振子相当于图 4-1(a)中的贴片振子,下振子相当于图 4-1(a)中的接地板。这样,两振子在 x 轴方向,对于激励电场来说就等效为两金属条,此条的宽度,即为贴片的厚度 t,条的长度为 w。

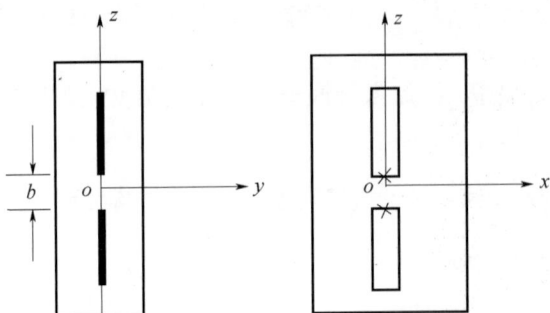

图 4 - 5   对称振子几何及坐标关系

经过上述假设和规定后,可以使用上述的两层介质微带振子天线的分析理论来对我们的介质埋藏微带对称振子天线进行数值计算,只是要注意,应将图 4 - 3(a)式中的①区等效介电常数 ε_0 换成与②区一样的,即都为 ε_r。另外,还应将 b 代替原来的 h,且坐标原点移到 $h/2$ 处。

(2) 简化计算。假想天线所在的空间全部充满 ε_r 介质,则此时对天线性能的分析应该跟自由空间中的一样,唯一不同的是将 ε_r 代替 ε_0,然后再来考虑实际中天线所处的环境空间,用惠更斯圆原理将一包围介质埋藏天线的某个封闭曲面对其进行分析,此时封闭曲面内全部是介质,封闭曲面外则为自由空间。这样可以将惠更斯封闭面内的天线按自由空间中的对称振子天线性能进行分析,只要将 μ 和 ε 换成 μ_r 和 ε_r 即可,而惠更斯封闭面外的情况也按自由空间的情况进行分析。这样,可以使问题的分析正确、简便一些。

4.2   介质埋藏准微带振子天线设计与研究

4.2.1   几个主要参数的设计考虑

我们一般是在项目规定的工作频率上进行设计,以得到特定的工作特性。要使我们设计的介质埋藏准微带振子天线能达到这个目的,必须考虑选择合适的微带天线贴片的几何形状及介质基板。我们知道,矩形贴片和圆形贴片是最普通的两种类型,由于矩形贴片波瓣宽度宽,效率高、带宽宽,所以,首先考虑用矩形贴片进行设计,但考虑到后续研究的需要以及对前文模型的验证,我们采用长条形贴片,即微带振子来设计。

1. 基片材料和厚度的选择考虑

合适的介质基片选取,所要考虑的因素主要有:介电常数,损耗角正切,它们随温度和频率的变化,均匀性,各向异性,温度系数,温度范围,尺寸随工艺过程温度、湿度和老化的稳定性,基片厚度的均匀性等。但为了简化研究,只考虑了介电常数和损耗角正切等两个最主要的参数,还有市面上的加工能力以及成本等因素,我们选用了聚四氟乙烯—玻璃纤维布增强型—环氧树脂(FR4 - epoxy),还用与此种介质正好相同材料性质的黏合剂等。

由于这种材料的成品厚度都是系列化的,所以为了以后增加厚度和埋藏研究的需要,我们选定了厚度为 $h = 1.6\text{mm}$ 的材料。

2. 贴片单元宽度考虑

在选定了介质材料后,对于介质基片厚度为 h,天线工作频率为 f_r,为保证有较高效率的辐射,其理论上实用宽度是

$$w = \frac{c}{2f_r}\left(\frac{\varepsilon_r + 1}{2}\right)^{-1/2} \tag{4.2.1}$$

式中,c 是光速。

理论上,当选用小于式(4.2.1)的宽度时,辐射器的效率较低,而选用大于式(4.2.1)的宽度时,辐射器的效率虽较高,但这时将产生高次模,从而引起场的畸变。但考虑到该项目不是简单的微带天线,所以必须另辟蹊径,HFSS 提供了一种很好的研究工具,根据其仿真结果可以很方便地摸索出合适的宽度。

出于以后研究八木天线的需要,从研究自由空间中的半波振子天线的理论和工程设计要求,再根据仿真实验效果来决定宽度 w。

3. 贴片单元长度考虑

按照微带天线的设计步骤，一旦知道了 w，则等效介电常数 ε_e 和线伸长 Δl 可分别由下两式来计算。

$$\varepsilon_e = \frac{\varepsilon_r + 1}{2} + \frac{\varepsilon_r - 1}{2}\left(1 + \frac{12h}{w}\right)^{-\frac{1}{2}} \qquad (4.2.2)$$

$$\frac{\Delta l}{h} = 0.412\frac{(\varepsilon_e + 0.3)(w/h + 0.264)}{(\varepsilon_e - 0.258)(w/h + 0.8)} \qquad (4.2.3)$$

因此，其谐振单元长度为

$$L = \frac{c}{2f_r \sqrt{\varepsilon_r}} - 2\Delta l \qquad (4.2.4)$$

由于谐振单元所固有的窄带宽，所以，它的长度是一个临界参数，应当用式(4.2.4)来求线长 L 的精确值。理论上当工作频率较高时，L 随 h 的变化而有变化，但我们研究的天线工作频率为 2.4GHz，L 随 h 的变化大致可以忽略。

正如上所述，由于研究八木天线的需要，从研究自由空间中的半波振子天线的理论和工程设计要求着手，根据自由空间中研究八木天线的经验数据 $L = k\lambda_0$（k 为小于 1 的经验常数），然后由下式计算出介质中的长度

$$L_r = k\lambda_r \qquad (4.2.5a)$$

$$\lambda_r = \frac{\lambda_0}{\sqrt{\varepsilon_e}}$$

由于是将天线全部埋藏在介质中的，所以 $\varepsilon_e \approx \varepsilon_r$，于是有

$$\lambda_r = \frac{\lambda_0}{\sqrt{\varepsilon_r}} \qquad (4.2.5b)$$

4.2.2 介质埋藏准微带振子天线的设计考虑

1. 自由空间中的对称半波振子线天线尺寸设计

自由空间中的对称振子天线是从中间断开的并进行馈电的一段载流直导线，如图 4 - 6 所示，它可以看做是开路传输线逐渐张

84

开而成,当导线无限细时($l/R \to \infty$,R 为导线半径),张开导线如图 4-7所示,这是一种应用广泛且结构简单的基本线天线。

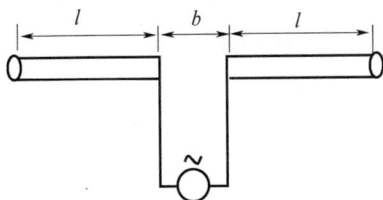

图 4-6   对称振子结构图

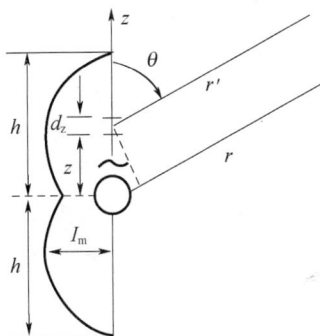

图 4-7   细振子的辐射

对称振子的一半即为一个臂,长度为 l,全长为 $2l$,两臂之间的间隔 b 由于远小于波长,所以通常忽略不计[136]。当 $2l = \lambda/2$ 时,就是我们常说的半波振子,它可以直接作为天线使用,工程上使用的线天线均可以看成是对称振子天线或它的变形。

对称振子具有辐射出的电磁波为 TEM 波、非均匀球面波、电场和磁场同相位、电磁波的振幅正比于 $1/r$ 等特点。此外,在设计中还应注意[137]:①当 $2l/\lambda = 0.5$ 时,它与馈线容易在较宽的频带内实现匹配,且频率特性也比较好;②采用较粗的导线作振子臂,可获得较宽的频带;③出现波长缩短效应,即振子上的波长短于自由空间波长,而且振子越粗,其上波长缩短越多。

根据以上振子的特点和工程设计经验,选取半波振子的总长

度 $2l = (0.45 \sim 0.49)\lambda^{[138]}$。根据对称振子的假设条件 $l/R \to \infty$，可以得出 $R \ll l$，工程上取 $R \leqslant \dfrac{2l}{10}$，因此，有 $R \leqslant (0.045 \sim 0.049)\lambda$。

由于要求 $f = 2.4\text{GHz}$，所以 $\lambda = c/f = 125\text{mm}$，因此，取 $2l = 0.48\lambda = 60\text{mm}$，$R = 0.04\lambda = 5\text{mm}$。

取两振子间隔 $b = 0.032\lambda = 4\text{mm} < \lambda/10$，经过 HFSS 仿真实验后的数据为

$$\text{长度} \qquad 2l = 24.8 \times 2 = 49.6\text{mm} \qquad (4.2.6)$$
$$\text{半径} \qquad R = 5\text{mm} = 0.04\lambda$$

可见，$2l$ 缩短了，其原因是八木天线中波长缩短效应而导致发生振子缩短现象。为了满足天线的谐振频率 $f_0 = 2.4\text{GHz}$ 的要求，必须根据 HFSS 中的 S_{11} 曲线来调整振子长度。

2. 自由空间中的对称半波振子线天线变形处理

为了后续工作的需要和有可比性，我们将上述半波振子由导线演变成金属铜片，铜片的长度与上述的振子长度一致，其宽度的取法，我们取其在某轴面的投影，可见应为直径，于是宽度应取为上述振子的直径，如图 4 - 8 所示。

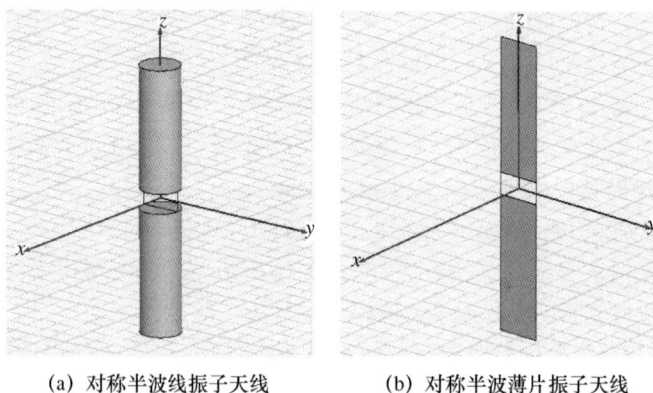

(a) 对称半波线振子天线　　　　(b) 对称半波薄片振子天线

图 4 - 8　对称半波振子仿真天线的两种形状

经过 HFSS 仿真实验后的数据为

长度　　　　　　　$2l = 24.8 \times 2 = 49.6\text{mm}$　　　　　(4.2.7)

宽度　　　　　　　$w = 2R = 10\text{mm}$

变形天线的长度与圆杆线天线的一样。

3. 准微带对称振子天线

将上述自由空间中的铜片对称振子作为贴片,由敷铜板印制而成,这样就成了变形的微带天线——准微带振子天线,注意在介质基片的另一面没有敷铜片,其结构如图4.4所示,其基片为一长方体。

在天线工作频率 $f_r = 2.4\text{GHz}$, $\varepsilon_r = 4.4$(HFSS 材料库中提供 FR4 - epoxy)情形下,为保证有较高效率的辐射,其理论上可根据式(4.2.1)计算出宽度 $w = 10.27\text{mm}$。根据式(4.2.2)得 $\varepsilon_e = 3.695$,然后由式(4.2.3)和式(4.2.4)计算出长度 $2l = 50.05\text{mm}$。

根据以上振子的计算尺寸和准微带振子天线的定义,可求得基片的尺寸:

我们取 $b = 4\text{mm} = 0.032\lambda$(振子贴片内端之间的间距,如图4.6), $\Delta = 5\text{mm} = 0.04\lambda$(Δ 为振子贴片外端与基板边缘之间的距离)

基片长度, $2l + b + 2\Delta = 64.05\text{mm}$

基片宽度, $w + 2\Delta = 2R + 2\Delta = 20\text{mm}$

基片厚度, $h = 1.6\text{mm}$

经过 HFSS 仿真选择的数据是:

长度　　　　　　　$2l_e = 42.34\text{mm}$　　　　　　　(4.2.8)

宽度　　　　　　　$w = 10\text{mm}$

可见,比理论计算值小。这是由于我们的准微带振子天线与微带振子天线的结构有区别(比如接地板不一样),要得到相同的天线性能就只有改变振子的尺寸。

4. 介质埋藏准微带对称振子天线

在上述准微带振子天线基础上,把与准微带振子天线基片材料性质和尺寸完全相同的介质板,无缝隙地覆盖在准微带振子天线有振子贴片面的上面,就形成了介质埋藏准微带振子天线。

其宽度仍然可由式(4.2.1)计算得,我们取与准微带振子天线的振子宽度一样。

其长度根据式(4.2.2)~式(4.2.4)计算时,应注意此时 $\varepsilon_e \approx \varepsilon_r = 4.4$,因此可得长度 $2l_r = 47.38mm$。

经过 HFSS 仿真选择的数据是:

长度	$2l_r = 38.00mm$	(4.2.9)
宽度	$w = 10mm$	

5. 其他设计

为了比较基片形状对天线的影响,我们将上述基片由长方体改为圆柱体,其余尺寸不变。

4.3 数值计算、仿真实验和实物测试结果分析

为了使今后的设计、研究与实验工作少走弯路,我们先从自由空间中对称线振子天线的研究开始,由于自由空间中的对称线天线理论成熟,因此,有可比性和可验证性。

4.3.1 自由空间的对称线振子天线实验研究

我们根据仿真结果,做出了一实物对称半波振子天线,经测试后与仿真结果比较,性能比较接近。值得说明的是,我们的实验结果中,半波振子的长度 $2l = 0.3968\lambda$,比我们查阅的资料显示的 $2l = (0.45 \sim 0.49)\lambda$ 更小。

造成这种现象的原因是因为选取了 $R = 5mm$ 的铜导线,R 与 $2l$ 之间的比值为 0.105,这与理论上要求 $R \ll 2l$ 有差别。我们知道,振子越粗,则半波振子天线的振子臂长的缩短效应就越明显,这与我们的仿真结果相吻合。

4.3.2 自由空间的对称薄片振子天线实验研究

为了实验和理论的可比性,我们在选择薄片的长度和宽度时:长度上考虑选用与上述线天线长度一样的尺寸。宽度选择上,我们是经过一番考虑和研究的:一是考虑到下一步要做的准微带振

88

子天线的辐射方向是振子面法向方向;二是线天线的直径影响表现在坐标系中某一平面时应该是等效投影面,即线天线直径的截面,于是我们就考虑用直径作为薄片的宽度,因此,薄片振子的尺寸是:$2l = 0.3968\lambda$,$w = 10\text{mm} = 0.08\lambda$,其仿真和实物天线测试结果相吻合,如图 4-9 所示。图中三条曲线分别是振子线天线实测、薄片振子天线仿真和实测的 S_{11} 曲线。

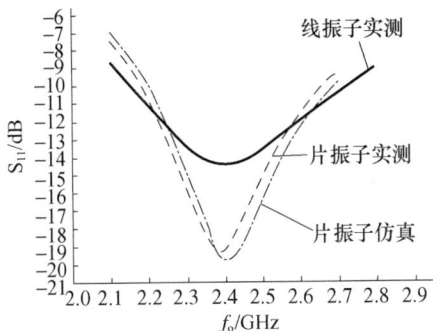

图 4-9 相同尺寸线振子和薄片振子 S_{11} 曲线

实验还证明,由圆杆线天线振子改为薄片振子对带宽和增益也有影响:带宽由线振子天线的 0.56GHz 变为薄片的 0.44GHz,变窄了。增益由线振子天线的 2.5136dB 变为 2.5516dB,增加了 2%。

为了进一步研究薄片振子天线的性能,分别改变其长度(在宽度不变的条件下)和宽度(在长度不变的条件下),分别研究天线性能的变化,从实验结果可以看出:振子宽度不变时,振子长度的变化。对谐振频率影响较大:长度大约变化 1mm,就导致谐振频率大约变化 0.01GHz;而长度的变化对增益、方向图、带宽、驻波比、输入阻抗等影响不太明显。当长度固定不变,振子的宽度变化对天线参数、特别是谐振频率有一定的影响,但其影响程度远没有长度的显著。这种变化,我们可以解释为宽度的变化是通过长度的缩短效应来影响天线的性能变化的,因此是一种间接的影响,从而没有长度的变化影响那么显著。

4.3.3 准微带振子天线实验研究

分两步进行研究:

(1)将与自由空间中的薄片对称振子天线尺寸完全一样的振子,印制在材料为聚四氟乙烯—增强型玻璃纤维布—环氧树脂复合材料(FR4-epoxy)基片上,形成准微带振子天线:基片尺寸为 $63.6 \times 20 \times 1.6 mm^3$。仿真结果表明,谐振频率减小了 $0.24GHz$,增益增大了 $0.142dB$,带宽减小了 $0.012GHz$,驻波比减小了 0.15, R_{in} 增大了 3Ω。图 $4-10$ 示出了自由空间中薄片振子天线(仿真)和半自由空间中准微带振子天线(仿真)的谐振频率曲线,自由空间中的薄片振子天线频率曲线峰值为 $-16.5dB$,而半自由空间中,准微带振子天线的谐振频率曲线峰值为 $-20dB$,可见在半自由空间中,准微带振子天线的谐振频率性能更好。我们用实物天线(图 $4-11$)测试也证实了上述结论。其余参数分别为,自由空间中: $\rho = 1.35$, $G = 2.5516dB$, $Re = 64\Omega$, $Im = -10$, $\theta_{0.5} = 54°$;半自由空间中: $\rho = 1.20$, $G = 2.6936dB$, $Re = 60\Omega$, $Im = -7$, $\theta_{0.5} = 50°$。

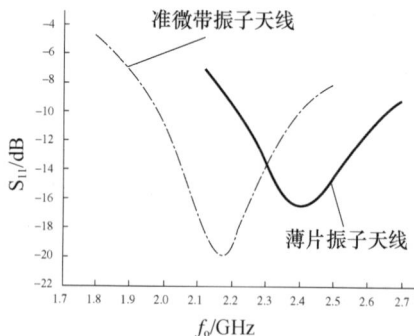

图 $4-10$　相同尺寸薄片振子天线和准微带振子天线 S_{11} 曲线

根据微带天线理论,实际在微带天线中的振子长度应该比在自由空间中的短。而这里在半空间的长度与自由空间中的长度相等,所以其谐振频率就比在自由空间中的低。由实验,我们还可以

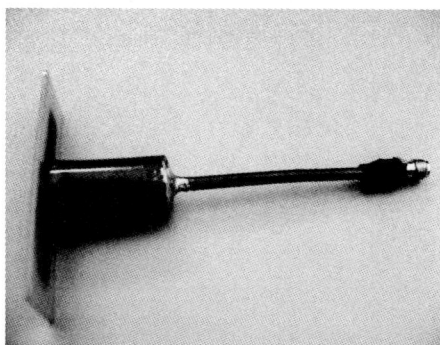

图 4 - 11   准微带振子天线实物照

看出,半自由空间中的准微带振子天线的总体性能要比自由空间
中薄片振子天线的好,当然要撇开谐振频率。所以,为了得到相同
的频率,我们还要做下面的实验。

(2)用微带线理论计算及修正值实验,由 4.2 节的理论计算
可得 $2l = 42.4mm$,经仿真实验后,其谐振频率 $f = 2.38GHz$,带宽
$B = 0.48GHz$,可见其谐振频率较接近我们的设计要求频率($f =$
2.40GHz),因此,还需要对以上的计算值进行修正,通过实验后,
我们设定此长度值为 $2l = 42.34mm$,则此时的谐振频率 $f =$
2.405GHz,带宽 $B = 0.49GHz$,稍有增加。根据实验对比可以看
出:准微带对称振子天线的振子长度缩短了,天线带宽增加,驻波
比减小,增益减小,但这些变化都不是很大。这些现象都能很好解
释,振子长度缩短是符合振子天线缩短效应和微带天线理论的,存
在表面波和介质损耗,导致天线增益下降了。

4.3.4　介质埋藏准微带振子天线的实验及研究

(1)用与上述准微带振子天线相同的尺寸制作成介质埋藏准
微带振子天线进行实验,可以比较两者的性能差异。图 4 - 12 为
它们的谐振频率曲线,其他性能参数如表 4 - 1 所列。由图中可以
看出,相同尺寸下的准微带振子天线比介质埋藏准微带振子天线
的谐振频率高。

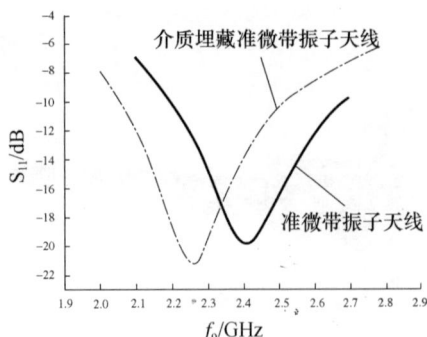

图4-12 相同尺寸准微带振子天线和介质埋藏准微带振子天线 S_{11} 曲线

表4-1 两种振子天线的性能参数比较

天线类型	f_0/GHz	B/GHz	G/dB	ρ	$\theta_{0.5}$(°)	Re/Ω	Im
准微带	2.408	0.49	2.4738	1.23	50	58	-8
介质埋藏	2.27	0.48	2.4146	1.20	50	53	-8

由表4-1可以看出,两者除了谐振频率相差较大外,其余的差别不是很明显。介质埋藏准微带振子天线增益比准微带振子天线的低,是在意料之中的,因为加了介质覆盖层后,在介质中有损耗和在介质表面有表面波损耗等。谐振频率的降低,意味着波长的增大,这说明与波长有着直接关系的振子长度在介质中过长,而导致了其频率的降低,要达到2.40GHz频率的要求,必须缩短振子长度,使波长变短,以提高谐振频率。

（2）根据理论计算值和修正值进行实验研究。

由4.2中的设计计算知,在准微带振子天线中: $\varepsilon_e = 3.695$, $\lambda_e = \dfrac{\lambda_0}{\sqrt{\varepsilon_e}} = 64.03\,\text{mm}$,计算出的 $2l_e = 50.05\,\text{mm}$;而在介质埋藏准微带振子天线中: $\varepsilon_e \approx \varepsilon_r = 4.4$, $\lambda_r = \dfrac{\lambda_0}{\sqrt{\varepsilon_r}} = 59.59\,\text{mm}$,计算出的 $2l_r = 47.38\,\text{mm}$ 。由理论计算可以看出:这两者要有相同的天线性能,必

92

须后者的尺寸比前者的短。根据这一指导原则,我们按后者的数据进行了仿真实验,经过反复仿真和实物天线测试比较后,得出了一组优化数据是:介质基片尺寸$[60 \times 17 \times (1.6 \times 2)]\,\text{mm}^3$;振子尺寸长$2l = 38\text{mm}$,宽$w = 10\text{mm}$,间隔$b = 4\text{mm}$,将这一参数做成实物天线(图4-13(a))进行了测试,以及根据模型的数值计算得出的数据等三种情形如表4-2所列,图4-14是谐振频率的比较曲线。

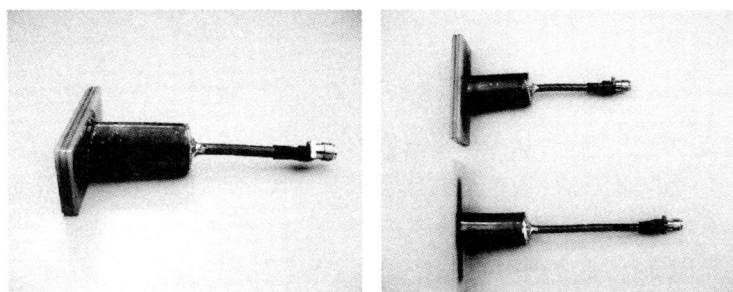

(a) 介质埋藏准微带振子天线实物照　　　(b)埋藏与非埋藏天线比较

图4-13　介质埋藏准微带振子天线实物照

表4-2　介质埋藏振子天线三种数据的比较

数据类型	f_0/GHz	B/GHz	G/dB	ρ	$\theta_{0.5}$(°)	Re/Ω	Im
理论计算	2.38	0.497	2.2991		51.22	62	-12
仿真试验	2.40	0.502	2.3296	1.11	50	59	-10
实物测试	2.39	0.510	2.2857	1.20	48.75	56	

　　由于理论模型是建立在微带天线理论基础之上的,而对于我们这里的准微带天线肯定有不同的地方。所以,由图4-14可看出,理论计算出的数据与仿真实验数据有一定的出入。

　　这里,还要注意到,振子的长度$2l_r = 38\text{mm}$,不是$\lambda_r = 59.59\text{mm}$的一半,反而还比其一半大一点,这与我们期望的和现有理论解释不太一致,而在上一节中准微带振子天线的振子长度也

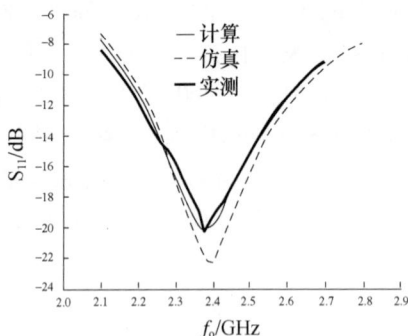

图 4-14 介质埋藏准微带振子天线性能测试 S_{11} 曲线

有这种现象。作者认为由于我们的研究是以谐振频率达到指标要求为目的,因此,此数据是在满足谐振频率前提下的数据,而不是现有的参考文献中,撇开频率等参数泛泛讨论的情况。由于介质的作用,而使得介质中振子的长度与频率之间的关系,不是自由空间的那种关系。因此,不能用自由空间中的半波振子概念来套用,又加之我们这里没有像微带天线那样有大面积的接地板,所以也与微带理论有一定的差异,为了弄清介质中振子长度与频率(或波长)之间的关系,我们又作了下一节的研究。

4.4 振子尺寸变化对介质埋藏准微带振子天线性能影响研究

4.4.1 振子长度变化对天线性能的影响研究

为了弄清上述问题,也为了下一章的研究打基础,为后续工作积累经验,专门对振子尺寸变化与谐振频率的关系进行了更深入的探讨。

这里,只改变激励振子的臂长,其它参数都不变,来研究天线性能的变化。测试数据如表 4-3 所列(注意:$\theta_{0.5E}$ 的判读误差因计算间隔比较大,所以也较大),可以看出,臂长的变化对谐振频率的影响最明显,其变化规律是:f_0 随着 l 的增加而逐渐减小,只是当 $l_r > 19\text{mm} = 0.3188\lambda_r$ 和 $l_r < 19\text{mm} = 0.3188\lambda_r$ 时,其变化的速度不一样,如图 4-15 所示(实线部分),根据这一变化规律我们拟合出了 f_0 与 l 之间的关系(图 4-15 中的虚线部分)为

$$f_0 = \begin{cases} -0.08l + 3.92, & l < 0.3188\lambda_r = 19\text{mm} \\ -0.06l + 3.54, & l \geqslant 0.3188\lambda_r = 19\text{mm} \end{cases} \quad (4.4.1)$$

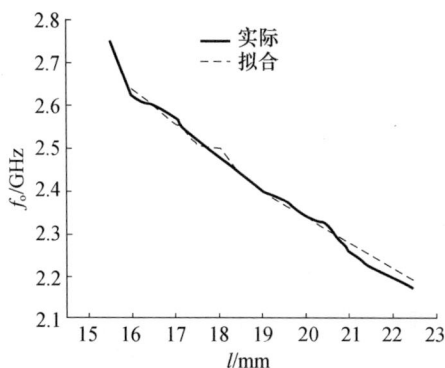

图 4-15 激励振子长度变化与谐振频率的关系曲线

由表 4-3 还可以看出,l 的变化对其他参数的影响不是很明显。

表 4-3 介质埋藏天线各性能指标与激励振子长度的关系

l/mm	B/GHz	ρ	G/dB	Re/Ω	Im	$\theta_{0.5E}(°)$
15.5	0.60	1.30	2.2668	57	-14	50.5
16.0	0.55	1.30	2.2553	55	-15	50.5
16.5	0.63	1.31	2.4637	57	-15	49
17.0	0.545	1.26	2.3351	57	-12	49.5
17.5	0.515	1.28	2.3160	54	-12	50
18.0	0.52	1.28	2.4327	54	-11	49
18.5	0.51	1.24	2.3519	54	-10	49.5

l/mm	B/GHz	ρ	G/dB	Re/Ω	Im	$\theta_{0.5E}$(°)
19.0	0.50	1.22	2.3296	58	−10	50
19.5	0.50	1.21	2.3981	55	−9	49
20.0	0.48	1.20	2.4827	55	−9	49
20.5	0.48	1.20	2.5317	55	−8	48.5
21.0	0.46	1.20	2.4755	55	−9	49
21.5	0.45	1.19	2.4535	54	−9	49
22.0	0.44	1.20	2.4507	55	−9	49
22.5	0.43	1.20	2.4568	55	−8	49

这里要特别声明:我们的研究仅限于谐振频率为 2.4GHz 附近,即 $f_0 \pm \dfrac{B}{2}$ 范围内的研究,下面的各种研究也都是在这一范围内进行的。

4.4.2 振子宽度变化对天线性能的影响研究

改变振子的宽度,让臂长 $l = 0.3188\lambda_r$ 保持不变,其它的参数也不变,进行天线各性能指标的测试实验,由仿真和测试数据可以看出,振子宽度的变化对谐振频率和驻波比影响比较明显,对天线增益也有一定的影响,但对频带宽度、输入电阻等影响不大。在这里只关注对频率的影响,图 4 - 16 示出了振子宽度与谐振频率之间的关系曲线,拟合的曲线也在图中(虚线),其拟合关系式为

$$f_0 = \begin{cases} 0.225w + 2.18625, & w < 0.1678\lambda_r = 10\text{mm} \\ 2.4, & w = 0.1678\lambda_r = 10\text{mm} \\ 0.02286w, & w > 0.1678\lambda_r = 10\text{mm} \end{cases}$$

$$(4.4.2)$$

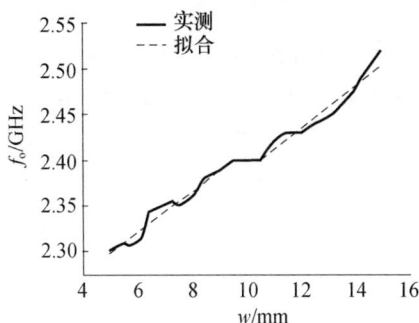

图 4 - 16　振子宽度与谐振频率的关系曲线

4.5　基片形状对介质埋藏准微带振子天线性能的影响研究

我们使用长方体形和圆柱体形的介质埋藏体进行对比实验,从而得到合适的介质埋藏体,供以后的研究参考。

选择的依据是根据振子的尺寸,并留有超出其外边沿 3mm 以上的间隙:振子的长度为 $2l = 0.6377\lambda_r = 38\text{mm}$,宽 $w = 10\text{mm}$,两臂之间的间隔 $b = 4\text{mm}$,则选取长方体长度为 60mm,宽 17mm,厚度为两层的 1.6mm 介质,经实验测试所得的结果见表 4 - 4 中的。

再依据上述原则,选取圆柱体,其半径为 26mm,长度同长方体,进行实验测试,测试结果:$f_o = 2.42\text{GHz}$, $B = 0.53\text{GHz}$, $G = 2.4800\text{dB}$, $\rho = 1.2$, $\theta_{0.5E} = 48°$, $\text{Re} = 50\Omega$, $\text{Im} = 0$。为了达到设计要求 $f_o = 2.40\text{GHz}$ 的目的,对以上的振子长度进行了修正,将长度修正为 $l = 19.3\text{mm}$,其余尺寸不变,则其实验结果如表 4 - 4 所列。

表 4 - 4　不同介质埋藏体的对称振子天线性能比较

埋藏体形式	f_o/GHz	B/GHz	G/dB	ρ	$\theta_{0.5E}$	Re/Ω	Im
长方体	2.40	0.50	2.3296	1.22	48	59	-10
圆柱体	2.40	0.53	2.4396	1.20	48	50	0

由表可见,圆柱体介质埋藏准微带振子天线的带宽要比长方体介质埋藏准微带天线的宽一些,增益要高一点,输入阻抗特性也好一些,特别是输入阻抗为50Ω,可见,圆柱体介质埋藏准微带振子天线性能要比长方体的好,但是其体积为 6792.45mm³,是长方体的一倍还多,所以综合考虑后,最后还是选取长方体介质埋藏作为以后的研究对象。

第五章　介质埋藏准微带立体式
八木天线设计与研究

　　雄性与雌性的结合孕育着新生命,不同的学科有机结合孕育着新思维。

　　微带天线的问世,给人们开发和制作不同的平板式天线创造出了许多的创新空间:平面式微带贴片八木天线就是人们将八木天线理论和微带天线耦合原理相结合,集成了八木天线结构简单、方向性好、增益较高和微带天线体积小、平面共形好、易于集成制作等优点的产物。在这种天线中,各微带振子贴片共处于同一平面,它们依托的平面是微带基片,都处于半自由空间中,天线的主波束与微带基片平面有一小于90°的夹角,不能与基片平面垂直。本书研究的介质埋藏准微带立体式八木天线,是将各微带振子贴片像在自由空间中那样,沿辐射方向不断重叠起来,即各微带振子贴片不共面,每类振子贴片依托一个基片平面,这些基片沿天线的辐射方向依次上叠,像制作"三明治"一样一层基片一层贴片地制作成型,贴片敷在基片之间的界面处。因此,各类振子贴片与基片依次相间叠加,形成了介质埋藏准微带立体式八木天线。由于振子贴片全部埋藏在介质中,其结构又与微带天线不完全相同,因此称为介质埋藏准微带立体式八木天线。从结构上讲,这种天线与目前人们研究的平面式八木微带天线相比,就是立体式的。从微带振子贴片角度看,由原来平面式的横向排列,变成了现在立体式的纵向重叠。

　　本章将从多层介质中被埋藏微带天线的并矢格林函数的理论分析和自由空间中八木线天线设计理论及其经验原则入手,先研究平面式八木微带天线结构,借鉴其设计分析方法,然后对我们提出的介质埋藏准微带立体式八木天线进行设计和实验分析研究，最后提出一种改进优化后的巷道式介质埋藏准微带立体式八木天线结构及其实验结果和分析。

5.1 多层介质中埋藏天线的理论分析模型

5.1.1 多层介质中微带天线的理论分析模型

1. 多层介质结构的并矢格林函数

我们知道，要分析多层介质中微带天线的性能，必须先假定模型建立积分方程，然后才能对天线的各性能参数进行理论分析和数值计算，其中最关键的是并矢格林函数。

1）一层导体两层介质结构模型[139]

如图 5 - 1 所示，假设电流源位于第 2 层介质（如微带基片）中，第 1 层为空气，第 3 层为导体。1 区的场是由 2 区的源通过边界 $z=h$ 透射出的场。故有

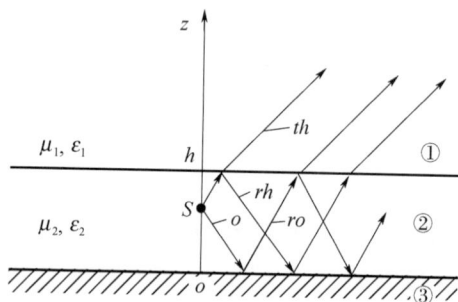

图 5 - 1　介质平面分层结构模型

$$\boldsymbol{G}^{(12)} = \boldsymbol{G}_{\text{th}}^{(12)}, z \geqslant h \qquad (5.1.1)$$

式中，$\boldsymbol{G}^{(ij)}$ 表示第 j 区的源在第 i 区所产生的电场并矢格林函数；下标 th 代表在边界 $z=h$ 处产生的透射场。

在 2 区中，既有来自场源的直射场，又有由边界 $z=h$ 和 $z=0$ 反射的场，因而

$$\boldsymbol{G}^{(22)} = \boldsymbol{G}_{\mathrm{O}}^{(22)} + \boldsymbol{G}_{\mathrm{rh}}^{(22)} + \boldsymbol{G}_{\mathrm{ro}}^{(22)}, \quad 0 \leqslant z \leqslant h \quad (5.1.2)$$

式中,下标的含义:o 表示直射场,也即自由空间并矢格林函数,但媒质参数为 μ_2, ε_2;rh 代表在边界 $z = h$ 处产生的反射场;ro 代表在 $z = 0$ 处产生的反射场。

利用自由空间并矢格林函数的柱坐标波函数展开式,有 $(R \neq R')$

$$\boldsymbol{G}_{\mathrm{O}}^{(22)} = -\frac{\mathrm{j}}{4\pi} \int_0^\infty \mathrm{d}k_\rho \sum_n \frac{\delta_{\mathrm{on}}}{k_\rho k_{z2}}$$
$$\cdot \begin{cases} [\mathbf{M}(k_{z2})\mathbf{M}'(-k_{z2}) + \mathbf{N}(k_{z2})\mathbf{N}'(-k_{z2})], z \geqslant z' \\ [\mathbf{M}(-k_{z2})\mathbf{M}'(k_{z2}) + \mathbf{N}(-k_{z2})\mathbf{N}'(k_{z2})], z \leqslant z' \end{cases}$$
$$(5.1.3)$$

$\boldsymbol{G}_{\mathrm{O}}^{(22)}$ 包括 $z \geqslant z'$ 和 $z \leqslant z'$ 两部分,相应地,各散射场也都有两部分,以满足激励条件和边界条件:

$$\boldsymbol{G}_{\mathrm{th}}^{(12)} = -\frac{\mathrm{j}}{4\pi} \int_0^\infty \mathrm{d}k_\rho \sum_n \frac{\delta_{\mathrm{on}}}{k_\rho k_{z2}} [A\mathbf{M}(k_{z1})\mathbf{M}'(-k_{z2}) + B\mathbf{N}(k_{z1})\mathbf{N}'(-k_{z2}) +$$
$$A_1\mathbf{M}(k_{z1})\mathbf{M}'(k_{z2}) + B_1\mathbf{N}(k_{z1})\mathbf{N}'(-k_{z2})] \quad (5.1.4)$$

$$\boldsymbol{G}_{\mathrm{rh}}^{(22)} = -\frac{\mathrm{j}}{4\pi} \int_0^\infty \mathrm{d}k_\rho \sum_n \frac{\delta_{\mathrm{on}}}{k_\rho k_{z2}} [C\mathbf{M}(-k_{z2})\mathbf{M}'(-k_{z2}) + D\mathbf{N}(-k_{z2})\mathbf{N}'(-k_{z2}) +$$
$$C_1\mathbf{M}(-k_{z2})\mathbf{M}'(k_{z2}) + D_1\mathbf{N}(-k_{z2})\mathbf{N}'(k_{z2})] \quad (5.1.5)$$

$$\boldsymbol{G}_{\mathrm{ro}}^{(22)} = -\frac{\mathrm{j}}{4\pi} \int_0^\infty \mathrm{d}k_\rho \sum_n \frac{\delta_{\mathrm{on}}}{k_\rho k_{z2}} [E\mathbf{M}(k_{z2})M'(-k_{z2}) + F\mathbf{N}(k_{z2})N'(-k_{z2}) +$$
$$E_1\mathbf{M}(k_{z2})\mathbf{M}'(k_{z2}) + F_1\mathbf{N}(k_{z2})\mathbf{N}'(k_{z2})] \quad (5.1.6)$$

以上式中 $k_\rho^2 + k_{z1}^2 = k_1^2 = \omega^2 \mu_1 \varepsilon_1, k_\rho^2 + k_{z2}^2 = k_2^2 = \omega^2 \mu_2 \varepsilon_2$。其边界件为

$$\hat{z} \times \boldsymbol{G}^{(22)} = 0, z = 0 \quad (5.1.7\mathrm{a})$$
$$\hat{z} \times \boldsymbol{G}^{(12)} = \hat{z} \times \boldsymbol{G}^{(22)}, z = h \quad (5.1.7\mathrm{b})$$
$$\frac{1}{\mu_1} \hat{z} \times \nabla \times \boldsymbol{G}^{(12)} = \frac{1}{\mu_2} \hat{z} \times \nabla \times \boldsymbol{G}^{(22)}, z = h \quad (5.1.7\mathrm{c})$$

根据式(5.1.7)的边界条件联立解得式(5.1.8)。

$$
\begin{cases}
A = \dfrac{\rho_{12}^{H} \mathrm{e}^{jk_{z1}h}}{\rho_{12}^{H}\cos(k_{z2}h) + j\sin(k_{z2}h)} = -A_1 \\[4mm]
B = \dfrac{(\rho_{12}^{N}\rho_{12}^{E})^{1/2}\mathrm{e}^{jk_{z1}h}}{\cos(k_{z2}h) + j\rho_{12}^{E}\sin(k_{z2}h)} = -B_1 \\[4mm]
C = \dfrac{(\rho_{12}^{H} - 1)\mathrm{e}^{jk_{z2}h}}{2[\rho_{12}^{H}\cos(k_{z2}h) + j\sin(k_{z2}h)]} = -C_1 = -E \\[4mm]
D = \dfrac{(\rho_{12}^{E} - 1)^{-jk_{z2}h}}{2[\cos(k_{z2}h) + j\rho_{12}^{E}\sin(k_{z2}h)]} = -D_1 = -F \\[4mm]
E_1 = -(1 + C_1) = \dfrac{-(\rho_{12}^{H} + 1)\mathrm{e}^{jk_{z2}h}}{2[\rho_{12}^{H}\cos(k_{z2}h) + j\sin(k_{z2}h)]} \\[4mm]
F_1 = 1 + D_1 = \dfrac{(\rho_{12}^{E} + 1)^{-jk_{z2}h}}{2[\cos(k_{z2}h) + j\rho_{12}^{E}\sin(k_{z2}h)]}
\end{cases}
$$

$$(5.1.8)$$

在式(5.1.9)中 ρ_{12}^{H}，ρ_{12}^{E} 由下式表示：

$$
\begin{cases}
\rho_{12}^{H} = \dfrac{\mu_1 k_{z2}}{\mu_2 k_{z1}} \\[4mm]
\rho_{12}^{E} = \dfrac{\varepsilon_1 k_{z2}}{\varepsilon_2 k_{z1}}
\end{cases}
\qquad (5.1.9)
$$

2）两层导体三层介质结构

如图 5-2 所示，微带振子分别处于 0 区和 1 区的交界、1 区和 2 区交界面上，0 区是空气，1 区和 2 区是介质，因此，可以将全部结构看成是两层导体（微带振子），三层介质结构，其中 0 区的介电常数为 1。考虑到后面的研究也有导体板（将微带天线的接地板用作八木天线的反射振子，所以图中已表示出来了），激励方式可采用从背面用同轴探针馈电方式对 S2 背馈，从而耦合到 S1 上，于是两个振子表面都存在表面电流，因此将存在两套并矢格林函数，也就是说，任意一点的场都是由 S1 和 S2 上的电流源各自的贡献之和。

102

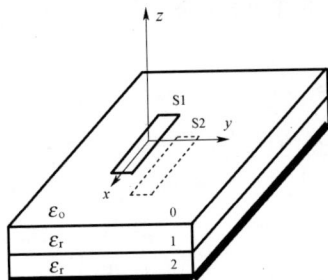

图 5-2 两层导体三层介质微带线结构

我们知道,在并矢格林函数的推导中,首先假设电流源是分别位于贴片 S1 和 S2 上 x 方向的水平单位电偶极子,它们在每一层中产生的垂直场就是相应的电场格林函数的垂直分量 $\boldsymbol{G}_E^{zx}$ 和 $\boldsymbol{G}_H^{zx}$,则矢量位并矢格林函数的分量 $\boldsymbol{G}_{Axx}$ 和 $\boldsymbol{G}_{Azx}$ 分别为

$$\boldsymbol{G}_{Axx} = -\frac{\mu}{jk_y}\boldsymbol{G}_H^{zx}$$

$$\boldsymbol{G}_{Azx} = \left(j\omega\mu\varepsilon\boldsymbol{G}_E^{zx} + \frac{\mu k_x}{k_y}\frac{\partial\boldsymbol{G}_H^{zx}}{\partial z} \right)\frac{1}{k_\rho^2}$$

于是矢量位的谱域为

$$\boldsymbol{G}_A = \hat{x}\boldsymbol{G}_{Axx} + \hat{z}\boldsymbol{G}_{Azx} \tag{5.1.10}$$

所以,标量位格林函数 G_V 可由下式求得,即

$$\nabla_t \cdot \overline{\overline{\boldsymbol{G}}}_A = \mu\varepsilon\,\nabla_t G_V \tag{5.1.11}$$

再经过反变换,即可将格林函数的谱域转换到空域中来。

为了使格林函数的表达式简洁,这里要引入 Sommerfeld 积分标记,即

$$S_n[f] = \int_{-\infty}^{\infty} H_n^{(2)}(k_\rho\rho)k_\rho^{n+1}f(k_\rho,z)\mathrm{d}k_\rho \tag{5.1.12}$$

当 $n=0$ 阶时,有汉克尔函数的半回路定理,即

$$\int_{-\infty}^{\infty} H_n^{(2)}(k_\rho\rho)k_\rho f(k_\rho^2,z)\mathrm{d}k_\rho = 2\int_{0}^{\infty} J_0(k_\rho\rho)k_\rho f(k_\rho^2,z)\mathrm{d}k_\rho$$

$$\tag{5.1.13}$$

103

经过具体的繁杂的推导过程(略)后,可得出格林函数分量空域形式的最终结果为

$$\boldsymbol{G}_{\mathrm{A}xx} = \frac{\mu_0}{4\pi}S_0\left[\frac{1}{D_{\mathrm{TE}}}\begin{pmatrix}A_i\exp(-\mu_0 z)\\A_i\mathrm{ch}(u_1 z) + B_i\mathrm{sh}(u_1 z)\\C_i\mathrm{sh}[u_2(z + h_1 + h_2)]\end{pmatrix}\right] \quad (5.1.14)$$

$$\boldsymbol{G}_{\mathrm{A}zx} = -\frac{\mu_0\cos\varphi}{4\pi}S_1\left[\frac{1}{D_{\mathrm{TE}}D_{\mathrm{TM}}}\begin{pmatrix}D_i\exp(-\mu_0 z)\\D_i\mathrm{ch}(u_1 z) + E_i\mathrm{sh}(u_1 z)\\F_i\mathrm{ch}[u_2(z + h_1 + h_2)]\end{pmatrix}\right]$$

$$(5.1.15)$$

$$\boldsymbol{G}_V = \frac{1}{4\pi\varepsilon_i}S_0\left[D_{\mathrm{TE}}D_{\mathrm{TM}}\begin{pmatrix}(A_i D_{\mathrm{TM}} - \mu_0 D_i)\exp(-\mu_0 z)\\(A_i D_{\mathrm{TM}} + \mu_1 E_i)\mathrm{ch}(u_1 z) + (B_i D_{\mathrm{TM}} - \mu_1 D_i)\mathrm{sh}(u_1 z)\\(D_i D_{\mathrm{TM}} + \mu_2 F_i)\mathrm{sh}[\mu_2(x + h_1 + h_2)]\end{pmatrix}\right]$$

$$(5.1.16)$$

式(5.1.14)、式(5.1.15)和式(5.1.16)分别代表 0 区、1 区和 2 区,式中参数 h_1 和 h_2 分别为介质 1 和 2 的厚度,其中

$$u_j^2 = k_\rho^2 - k_j^2 = k_\rho^2 - \omega^2\mu_0\varepsilon_j, j = 0,1,2$$

$$D_{\mathrm{TE}} = \frac{u_1 u_2}{\mathrm{th}(u_1 h_1)\mathrm{th}(u_2 h_2)} + u_1^2 + \frac{u_0 u_1}{\mathrm{th}(u_1 h_1)} + \frac{u_0 u_2}{\mathrm{th}(u_2 h_2)}$$

$$D_{\mathrm{TM}} = u_1^2 + \frac{u_1 u_2\mathrm{th}(u_2 h_2)}{\mathrm{th}(u_1 h_1)} + \frac{\varepsilon_r u_0 u_1}{\mathrm{th}(u_1 h_1)} + \varepsilon_r u_0 u_2\mathrm{th}(u_2 h_2)$$

在 D_{TM} 中,使用了 $\varepsilon_{\mathrm{r}1} = \varepsilon_{\mathrm{r}2} = \varepsilon_{\mathrm{r}}$。

还要注意到,上述公式中的参数 $A_i \sim F_i$ 的下标 i 表示两种不同位置的源,当 i = 1 时,表示源在 0、1 界面上;当 i = 2 时,表示源在介质 1、2 的界面上,所有参数的表达式参见文献[140]附录一。

更多层的导体和介质结构见文献[139],限于篇幅不再赘述。

2. 天线辐射远场的并矢格林函数式

当观察点位于场源的远区,可利用贝塞尔函数渐近式和鞍点法来得出并矢格林函数的渐近表示式,以简化计算。下面就来推导图 5-1 中①区的并矢格林函数 $\boldsymbol{G}^{(12)}$ 的远场渐近式。$\boldsymbol{G}^{(12)}$ 所

含的一个典型积分为

$$I = \int_0^\infty J_n(k_\rho\rho) Z_n(k_\rho) \, \mathrm{d}k_\rho$$

$$= \frac{1}{2} \int_0^\infty \left[H_n^{(1)}(k_\rho\rho) + H_n^{(2)}(k_\rho\rho) \right] Z_n(k_\rho) \, \mathrm{d}k_\rho \quad (5.1.17)$$

式中，$H_n^{(1)}(x)$ 和 $H_n^{(2)}(x)$ 分别为第一类和第二类汉克尔函数，$Z_n(x)$ 也是圆柱函数，且

$$H_n^{(1)}(x\mathrm{e}^{-\mathrm{j}x}) = -\mathrm{e}^{\mathrm{j}nx} H_n^{(2)}(x)$$

$$Z_n(x) = -\mathrm{e}^{-\mathrm{j}nx} Z_n(-x)$$

故式(5.1.17)的积分可简化为

$$I = \int_{-\infty}^\infty H_n^{(2)}(k_\rho\rho) Z_n(k_\rho) \, \mathrm{d}k_\rho \quad (5.1.18)$$

根据此结果，考虑到 M 中含有 $J_n(k_\rho\rho)$，而 $\boldsymbol{M}'$ 中含有 $J_n(k_\rho\rho')$，故有

$$\int_0^\infty \frac{1}{k_\rho k_{z2}} \boldsymbol{M}(k_{z1}) \boldsymbol{M}'(-k_{z2}) \, \mathrm{d}k_\rho$$

$$= \int_0^\infty \frac{1}{k_\rho k_{z2}} \boldsymbol{M}^{(2)}(k_{z1}) \boldsymbol{M}'(-k_{z2}) \, \mathrm{d}k_\rho \quad (5.1.19)$$

利用同样方法对式(5.1.4)中各项进行变换，整理得

$$\boldsymbol{G}^{(12)} \approx -\frac{\mathrm{j}}{4\pi} \int_{-\infty}^\infty \mathrm{d}k_\rho \sum_n \frac{\delta_{\mathrm{on}}}{k_\rho k_{z2}} \mathrm{j}^{n+1/2} k_\rho \sqrt{\frac{2}{\pi k_\rho\rho}} \mathrm{e}^{-\mathrm{j}(k_\rho\rho + k_{z1}z)} \left\{ \hat{\varphi} \mathrm{j} A \left[\boldsymbol{M}'(-k_{z2}) - \right. \right.$$

$$\left. \boldsymbol{M}'(k_{z2}) \right] + \frac{-\hat{\rho}k_{z1} + -\hat{z}k_\rho}{k_1} B \left[\boldsymbol{N}'(-k_{z2}) + \boldsymbol{N}'(k_{z2}) \right] \Big\}_{\sin}^{\cos} n\varphi$$

$$(5.1.20)$$

上式积分可利用鞍点法完成(见文献[139])：

$$\int_{-\infty}^\infty g(k_\rho) \sqrt{\frac{2}{\pi k_\rho\rho}} \mathrm{e}^{-\mathrm{j}(k_\rho\rho + k_{z1}z)} \, \mathrm{d}k_\rho = g(k_1\sin\theta) \frac{2k_1\cos\theta}{R} \mathrm{e}^{-\mathrm{j}(k_1 R - \pi/4)}$$

$$(5.1.21)$$

这里已代入 $\rho = R\sin\theta, z = R\cos\theta, \theta$ 是返回 $\hat{\boldsymbol{R}}$ 和 $\hat{z}$ 间夹角,最后得

$$\boldsymbol{G}^{12} \approx \frac{\mathrm{j}}{2\pi} \sum_n \frac{\delta_{\mathrm{on}}}{k_\rho k_{z2}} \mathrm{j}^n k_1 \cos\theta \{ \hat{\boldsymbol{\varphi}} A(\theta) [\, \boldsymbol{M}'(-k_{z2}) - \boldsymbol{M}'(k_{z2}) \,] +$$

$$\hat{\theta} \mathrm{j} B(\theta) [\, N'(-k_{z2}) + N'(k_{z2}) \,] \} {}^{\cos}_{\sin} n\varphi \frac{\mathrm{e}^{\mathrm{j}k_{1R}}}{R} \qquad (5.1.22)$$

式中,$k_\rho = k_1\sin\theta$,$k_{z1} = \sqrt{k_1^2 - k_\rho^2} = k_1\cos\theta$,$k_{z2} = \sqrt{k_2^2 - k_\rho^2} = \sqrt{k_2^2 - k_1^2\sin^2\theta}$;$A$ 和 B 中的 k_ρ 和 k_{z1}、k_{z2} 也同样取值,故现在是 θ 的函数。

式(5.1.22)表明,远区场只有横向分量($\hat{\varphi}$ 和 $\hat{\theta}$ 分量),它是以 k_1 为传播常数向外传输的球面波。值得说明,这只是空间波的贡献,而未计入当鞍点十分靠近系数 A 和 B 在 k_ρ 平面上极点时的效应,即没有计入表面波。

3. 积分方程的建立

这里用文献[141]介绍的一种积分方程分析法来建立积分方程,这种方法的关键点是先不考虑馈电结构,即采用"不加载"模型,然后采用"加载"模型来计算输入阻抗,这种方法对基片厚度没有限制,正好适合于要研究的立体式结构微带天线。

利用并矢格林函数,可以建立场与源的关系式

$$\boldsymbol{E}(\boldsymbol{R}) = -\mathrm{j}\omega\mu_0 \int_v \boldsymbol{G}(\boldsymbol{R}, \boldsymbol{R}') \cdot \boldsymbol{J}(\boldsymbol{R}') \mathrm{d}v'$$

$$(5.1.23)$$

我们知道,这里的场源是微带振子贴片的表面电流,是待求的未知量。于是,根据导体表面切向电场为零的边界条件,便可以建立振子贴片电流的积分方程。此时,可以使用图 5-3 所示的圆柱坐标系 (ρ, φ, z),于是,振子贴片上的电流密度可以不失一般性地表示为

$$\boldsymbol{J}(\boldsymbol{R}) = -\boldsymbol{J}'(\rho)\delta(x - d)$$

式中

$$\boldsymbol{J}'(\rho) = \begin{cases} -\hat{\rho} \sum_{n=0}^\infty p_n(\rho)\cos n\varphi + \hat{\varphi} \sum_{n=0}^\infty q_n(\rho)\sin n\varphi & , \quad \rho < \alpha \\ 0 & , \quad \rho > \alpha \end{cases}$$

$$(5.1.24)$$

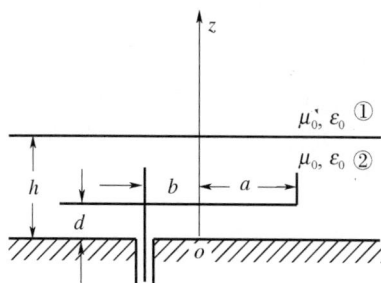

图 5 - 3　探针激励的微带天线示意图

由图 5 - 3 可见，它正是图 5 - 1 的模型情况，因此就可以直接利用前面所求得的并矢格林函数公式。这里源位于②区，它在②区产生的电场并矢格林函数可由式（5.1.2）给出。再根据式（5.1.23），经过复杂的推导（略）后，利用并矢格林函数即可得出 $z = d$ 处的切向电场表达式为

$$E_n^s(\rho) = \int_0^\infty H(k_\rho\rho) \cdot G(k_\rho) \cdot f_n^{\mathrm{T}}(k_\rho)k_\rho \mathrm{d}k_\rho, z = d$$

$$(5.1.25\mathrm{a})$$

式中

$$G(k_\rho) = \begin{bmatrix} G_1(k_\rho) & 0 \\ 0 & G_2(k_\rho) \end{bmatrix} \qquad (5.1.25\mathrm{b})$$

其中 $G(k_\rho)$ 就是谱域并矢格林函数。

在这里，再引入矢量汉克尔变换，使上面的结果化为一维积分，于是，根据导体贴片处切向电场为零的边界条件，可得

$$E_n^s(\rho) = \int_0^\infty H(k_\rho\rho) \cdot G(k_\rho) \cdot f_n^{\mathrm{T}}(k_\rho)k_\rho \mathrm{d}k_\rho = 0, \rho < a$$

$$(5.1.26)$$

同时，电流分布的限制条件为

$$f_n(\rho) = \int_0^\infty H(k_\rho\rho) \cdot f_n^{\mathrm{T}}(k_\rho)k_\rho \mathrm{d}k_\rho = 0, \rho > a \quad (5.1.27)$$

再加上边缘条件为

$$\lim_{\rho \to a} J_{\rho n}(\rho) = 0 \qquad (5.1.28)$$

式(5.1.26)和式(5.1.27)就构成了要建立的一对矢量积分方程组,由此可解出未知函数$f_n^s(k_\rho)$,从而就可求出$f_n(\rho)$,再利用伽略金法求解此积分方程,得出天线的谐振频率、方向图、输入阻抗等理论计算模型。

5.1.2 多层介质中埋藏准微带八木天线的理论分析设想

我们将要研究的介质埋藏微带八木天线有着与图 5－2 相似的结构,主要不同点:①最上面一层贴片也有介质覆盖。②微带天线的接地板,用作为反射振子(不与地相连),然后也将其用介质覆盖。因此,可以使用上面的理论模型和分析方法来作为将要研究的天线理论模型。

这里要改进的是,需要对每层都推导出一套并矢格林函数,即使得任一点的场都是由振子贴片上电流源各自的贡献迭加在一起。

5.1.3 八木天线设计理论及经验原则

1. 八木天线设计理论分析

八木天线又称引向天线,它是日本仙台东北大学的教授木秀次(H. yagi)总结了他的学生宇田(Uda)研究成果而得出的一种引向天线。它由一个有源振子及若干个无源振子组成,其结构如图 5－4 所示。在无源振子中较长的一个为反射器,其余的都为引向器。

我们知道,八木天线实际上也是一种天线阵,只不过与普通天线阵相比,它只对其中的一个振子馈电,其余振子则是靠与馈电振子之间的近场耦合所产生的感应电流来激励的,而感应电流的大小取决于各振子的长度及其间距,因此调整各振子的长度及间距可以改变各振子之间的电流分配比,从而达到控制天线方向性的目的。这是因为由天线阵理论可知,排阵可以增强天线的方向性,而改变各单元天线的电流分配比可以改变方向图的形状,以获得

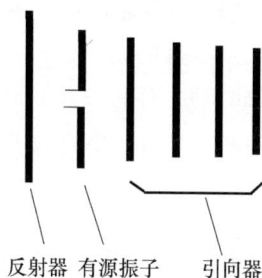

反射器　有源振子　引向器

图 5-4　八木天线示意图

所要的方向性。

　　分析天线的性能,必须先求出各振子的电流分配比,即振子上的电流分布,但对于多元引向天线,要计算各振子上的电流分布是相当繁琐的。首先以二元阵为例,如图 5-5 所示,推导出一般的公式,然后拓展到 N 元。

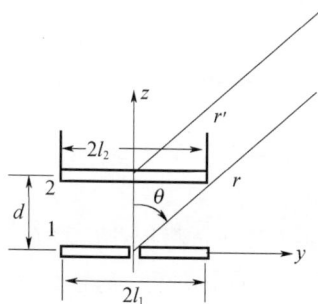

图 5-5　二元引向天线

　　1）二元引向天线

　　设振子"1"为有源振子,"2"为无源振子,两振子沿 y 向放置,沿 z 轴排列,间距为 d,并假设振子电流按正弦分布,其波腹电流表达式分别为

$$\begin{cases} I_1 = I_0 \\ I_2 = mI_0 e^{j\xi} \end{cases} \qquad (5.1.29)$$

109

式中,m 为两振子电流的振幅比;ξ 为两振子电流的相位差。它们均取决于振子的长度及其间距。

根据天线阵理论,此二元引向天线的辐射场为

$$E = E_1 + E_2 \approx E_1 \left[1 + m e^{j(kd\cos\theta + \xi)} \right] = \frac{60I_1}{r} F_1(\theta) \cdot F_2(\theta)$$

$$(5.1.30)$$

式中,$F_1(\theta)$ 为有源对称振子的方向函数;$F_2(\theta)$ 为二元阵因子方向函数。

显然有

$$F_2(\theta) = 1 + m e^{j(kd\cos\theta + \xi)} \qquad (5.1.31)$$

式中,两振子的电流振幅比 m 及其相位差 ξ 由耦合振子理论来求得:

$$\begin{cases} m = \sqrt{\dfrac{R_{21}^2 + X_{21}^2}{R_{22}^2 + X_{22}^2}} \\[3mm] \xi = \pi + \arctan \dfrac{X_{21}}{R_{21}} - \arctan \dfrac{X_{22}}{R_{22}} \end{cases} \qquad (5.1.32)$$

由式(5.1.32)可见,改变两振子的自阻抗和互阻抗,就可以改变两振子的电流分配比。

用感应电动势法来计算自阻抗和互阻抗。当空间中只存在单个振子时,一般假设其上的电流近似为正弦分布,当附近存在其他振子时,由于互耦的影响,严格地说其上电流分布将发生改变,但理论计算和实验均表明,细耦合振子上的电流分布仍和正弦分布相差不大,因此在工程计算上,将耦合振子的电流仍看作是正弦分布。

其推导过程见文献[50],表达式为

$$Z_{12} = Z_{21} = j30 \int_{-l_1}^{l_1} \sin k(l_1 - |y|) \left[\frac{e^{-jkr_1}}{r_1} + \frac{e^{-jkr_2}}{r_2} - \cos(kl_2) \frac{e^{jkr_0}}{r_0} \right] dy$$

$$(5.1.33)$$

110

于是各振子的自阻抗分别为

$$
\begin{cases}
Z_{11} = \mathrm{j}30 \displaystyle\int_{-l_1}^{l_1} \sin k(l_1 - |y|) \left[\dfrac{\mathrm{e}^{-\mathrm{j}kr_1}}{r_1} + \dfrac{\mathrm{e}^{-\mathrm{j}kr_2}}{r_2} - \cos(kl_1) \dfrac{\mathrm{e}^{-\mathrm{j}kr_0}}{r_0} \right] \mathrm{d}y \\[4mm]
Z_{22} = \mathrm{j}30 \displaystyle\int_{-l_1}^{l_1} \sin k(l_2 - |y|) \left[\dfrac{\mathrm{e}^{-\mathrm{j}kr_1}}{r_1} + \dfrac{\mathrm{e}^{-\mathrm{j}kr_2}}{r_2} - \cos(kl_2) \dfrac{\mathrm{e}^{-\mathrm{j}kr_0}}{r_0} \right] \mathrm{d}y
\end{cases}
$$

$$(5.1.34)$$

由上述两式可见,自阻抗主要取决于振子的长度;而互阻抗取决于振子的长度及振子之间的距离。将由式(5.1.33)及式(5.1.34)所求得自阻抗和互阻抗代入式(5.1.32)即可得到耦合振子的电流振幅比及相位差。显然适当调整振子的长度及其间距,可得到不同的 m 和 ξ,也就是说可以得到不同的方向性。

2) 多元引向天线

对于总元数为 N 的多元引向天线,其分析方法与二元引向天线的分析方法相似。总元数为 N 的多元引向天线(图5-4)中,设第一根振子为反射器,第二根振子为有源振子,第三根至第 N 根振子为引向器,则根据式(5.1.30)可得多元引向天线的 H 面方向函数为

$$
|F(\theta)| = \left| \sum_{i=1}^{N} m_t \mathrm{e}^{\mathrm{j}(kd_i\cos\theta + \xi_i)} \right| \tag{5.1.35}
$$

式中,$m_i = \dfrac{I_i}{I_2}$,它表示第 i 根振子上的电流振幅与有源振子上电流振幅之比;ξ_i 表示第 i 根振子上的电流相位与有源振子上电流相位之差;d_i 表示第 i 根振子与有源振子之间的距离。

在工程上,多元引向天线的方向系数可用下式近似计算:

$$
D_\Delta = K_1 \frac{L_a}{\lambda} \tag{5.1.36}
$$

式中,L_a 是引向天线的总长度,也就是从反射器到最后一根引向器的距离;K_1 是比例常数,它与 $\dfrac{L_a}{\lambda}$ 的关系如图5-6所示。

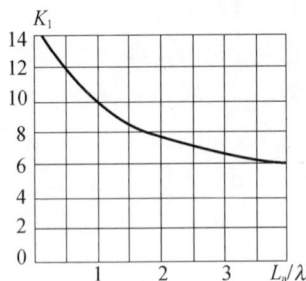

图 5-6 K_1 与 L_a/λ 的关系曲线

主瓣半功率波瓣宽度近似为

$$2\theta_{0.5} = 55° \sqrt{\frac{L_a}{\lambda}} \qquad (5.1.37)$$

$2\theta_{0.5}$ 与 $\dfrac{L_a}{\lambda}$ 的关系如图 5-7 所示。

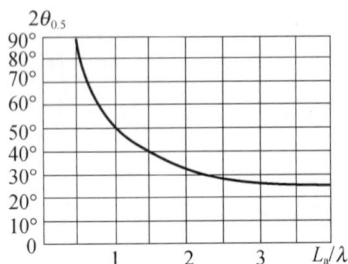

图 5-7 $2\theta_{0.5}$ 与 L_a/λ 的关系曲线

2. 八木天线设计经验原则

1）无源振子的作用[142]

改变振子的长度及其间距,就可以获得我们所需要的方向性。

当无源振子与有源振子的间距 $d < 0.25\lambda$ 时,无源振子的长度小于有源振子的长度,由于无源振子电流相位滞后于有源振子,故二元引向天线的最大辐射方向偏向无源振子所在方向;反之,当无源振子的长度大于有源振子的长度时,无源振子的电流相位超前于有源振子,故二元引向天线的最大辐射方向偏向有源振子所

112

在的方向。在这两种情况下,无源振子分别具有引导或反射有源振子辐射场的作用,故称为引向器或反射器。因此,通过改变无源振子的尺寸及与有源振子的间距来调整它们的电流分配比,就可以达到改变引向天线的方向图的目的。一般情况下,无源振子与有源振子的间距取 $d = (0.15 \sim 0.23)\lambda$。当无源振子作引向器时,长度取为 $2l_2 = (0.42 \sim 0.46)\lambda$,当无源振子作引向器时,长度取为 $2l_2 = (0.50 \sim 0.55)\lambda$。

由图 5 – 6 可见,当 $\frac{L_a}{\lambda}$ 较小时,K_1 较大,随着 $\frac{L_a}{\lambda}$ 的增大,也就是当引向器数目增多时,K_1 反而下降。这是由于随着引向器与有源振子的距离的增大,引向器上的感应电流减小,因而引向作用也逐渐减小。所以引向器数目一般不超过 12 个。

2) 增大带宽和提高输入阻抗的措施

需要指出:在引向天线中,无源振子虽然使天线方向性增强,但由于各振子之间的相互影响,又使天线的工作频带变窄,输入阻抗降低,有时甚至低至十几欧姆,不利于与馈线的匹配。为了提高天线的输入阻抗和展宽频带,引向天线的有源振子常采用折合振子。

根据耦合振子理论,折合振子的总辐射阻抗为

$$Z_\Sigma = Z_{\Sigma 1} + Z_{\Sigma 2} = Z_{11} + Z_{12} + Z_{21} + Z_{22} \quad (5.1.38)$$

由于两振子间距很小,因此有

$$Z_{11} \approx Z_{12} \approx Z_{21} \approx Z_{22} \quad (5.1.39)$$

所以,折合振子的辐射阻抗等于半波振子辐射阻抗的 4 倍,即

$$Z_\Sigma = 4Z_{11} \quad (5.1.40)$$

对于半波振子的输入阻抗为纯电阻,且输入阻抗等于辐射阻抗,即 $R_m = Z_\Sigma = 73(\Omega)$,所以折合振子的输入阻抗为

$$Z_{in} = 4R_\Sigma = 300(\Omega) \quad (5.1.41)$$

因此,折合振子的输入阻抗是半波振子的 4 倍,这就容易与馈线匹配。另外,折合振子相当于加粗的振子,所以工作带宽也比半波振子的宽,这为我们以后增加天线带宽提供了一种方法。

3）工程设计中的经验数据

由于影响天线电性能的因数(如振子个数、粗细、长度及各振子间距等)很多,引向天线的计算与调整都很复杂,目前还没有便于工程计算的精确计算公式,一般都根据近似公式、表曲线或经验数据,大致确定满足给定指标的各项基本参数,即振子数目、粗细、长度及各振子间距,再通过实际测试和调整,最后确定这些基本参数。表5-1是用半波振子做有源振子的一组实验数据[143]。

表5-1　八木天线振子尺寸与其特性

单元数	间距 $S_r - S_d$ /λ	振子长度			G/dB	Z_{in}/Ω	H 面		E 面		面背场强比/dB
		L/λ	L_c/λ	L_d/λ			HP_H /(°)	SLL_H /dB	HP_E /(°)	SLL_E /dB	
3	0.25	0.453	0.479	0.451	9.4	22.8 + j15.0	84	-11.0	66	-34.5	5.6
4	0.15	0.459	0.486	0.453	9.7	36.7 + j9.6	84	-11.6	66	-22.8	8.2
4	0.25	0.463	0.486	0.456	10.4	10.3 + j23.5	60	-5.8	32	-15.8	6.0
4	0.30	0.453	0.475	0.446	10.7	25.8 + j23.2	64	-7.3	56	-18.5	5.2
5	0.15	0.476	0.505	0.456	10.0	9.6 + j13.0	76	-8.9	62	-23.2	13.1
5	0.25	0.451	0.477	0.442	11.0	53.3 + j6.2	66	-8.1	58	-19.1	7.4
5	0.30	0.459	0.482	0.451	9.3	19.3 + j39.4	42	-3.3	40	-9.5	2.9
6	0.20	0.456	0.482	0.437	11.2	51.3 + j1.9	68	-9.0	58	-20.0	9.2
6	0.25	0.459	0.484	0.446	11.9	23.2 + j21.0	56	-7.1	50	-13.8	9.4
6	0.30	0.449	0.472	0.473	11.6	61.2 + j7.7	56	-7.4	52	-14.8	6.7
7	0.20	0.463	0.439	0.444	11.8	20.6 + j16.8	58	-7.4	52	-14.1	12.6
7	0.30	0.445	0.475	0.439	12.7	35.9 + j21.7	50	-7.3	46	-12.5	8.7

5.2　平面式微带贴片八木天线研究

5.2.1　平面式微带贴片八木天线定义

首先,需要说明的是,平面式微带八木天线的概念,是根据该类天线的各振子贴片都排列在微带基片正面上的特点而提出的概念。所谓平面式微带八木天线,就是利用微带天线的制作技术,将八木天线的各种振子用贴片制成,而使各贴片处于同一基片平面上的一维天线,它是把八木天线的概念和微带辐射器技术结合起来而被研制成的一种新形状天线。

这种天线的结构特点是,八木天线所有的振子贴片都处于同一平面上,是典型的微带贴片天线。它的性能特点是,电磁波的主波束方向与各振子按八木天线规则排列的方向不重合(有意小于90°的夹角)。

5.2.2 振子为矩形贴片的平面微带八木天线

文献[144]提供了一种微带贴片式八木天线,其结构图如图5－8所示,图(a)是单波束微带八木天线,图(b)是双波束微带八木天线。

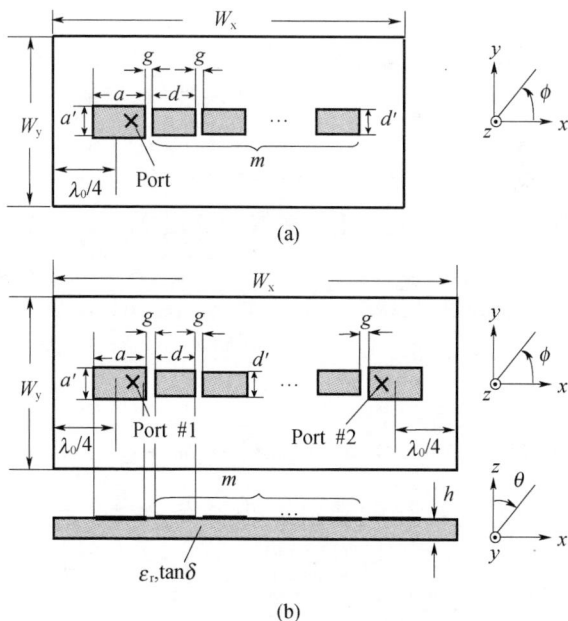

图 5-8 具有单、双波束的平面微带八木天线

微带贴片单元被成形在介质基片上,基片的另一面则全部是敷铜(或金属)片。每个微带单元都是矩形贴片,每一个天线阵中有 m 个形状大小相同的引向器单元贴片,并且放置在 x 轴上,在天线阵尾端的激励单元形状要比引向单元的稍大,a、a' 分别是激励单元的长和宽,d、d'' 分别是引向单元的长和宽,g 是相邻两单元之间的缝隙,h 是基片的厚度,W_x、W_y 分别是基片的长和宽。ε_r 和 $\tan\delta$ 分别是基底的介电常数和正切损耗,且 $\varepsilon_r = 2.2$,$\tan\delta = 0.0008$。天线的工作频率 $f_0 = 5\text{GHz}$,各贴片尺寸分别为 $a = 0.34\lambda_0$,$a'/a = 0.6$,$d/a = 0.92$,$d'/d = 0.5$,$g = 0.005\lambda_0$,$h = 0.027\lambda_0$。其中 λ_0 是电磁波在自由空间里的波长。基片的宽度为 $w_y = \lambda_0/2$,其长度则为

$$\omega_x = \left(\frac{\lambda_0}{4}\right) \times 2 + \frac{a}{2} + md + mg - \frac{2}{d}。$$

图中"×"表示馈电处。

双波束微带贴片八木天线有两个激励单元,分别在天线阵列的两端,每个激励单元都有一个馈电端口,但两个端口不能同时馈电。天线波束是从激励单元开始,从引向器单元上扩展出去。因此,可从图 5 - 8 看出:图(a)是单波束天线,图(b)是双波束天线,其形成是通过开关来控制激励源。2 号端口的阻抗 Z_L 是馈线的特性阻抗,$Z_0 = 50\Omega$。其方向图如图 5 - 9 所示(XZ 平面),其增益特性如图 5 - 10(a)所示,图(b)是终端加载对天线的方向性和损耗的影响,用这种结构做成的八木天线阵列将在下一章研究。

5.2.3 振子为正方形贴片的平面微带八木天线

图 5 - 8 所示的是由长方形贴片构成的微带八木天线,但没有反射振子贴片。参考文献[145]则给出了另一种贴片为正方形,且有反射振子贴片的微带八木天线,如图 5 - 11 所示,它主要由一个激励振子、一个反射振子和两到三个引向振子组成。其主波束峰值,由互耦效应和八木天线规律共同决定,主波束方向则是沿贴

(M=3)

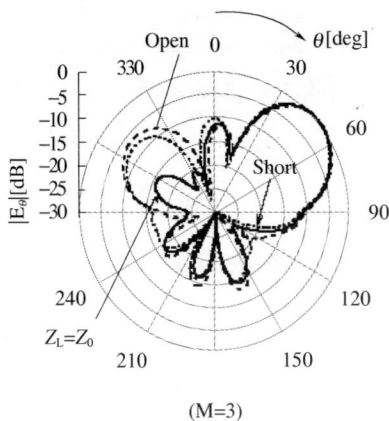

图 5 - 9   方向图 XZ 平面

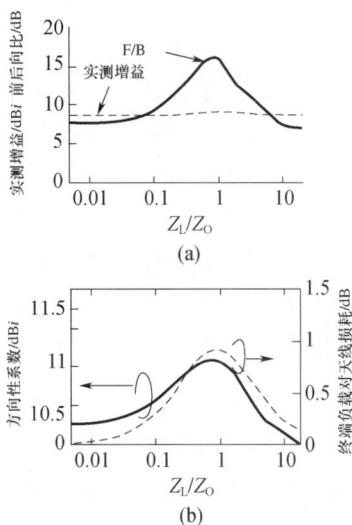

(a)

(b)

图 5 - 10   天线的增益、终端负载对天线损耗和方向图的影响

片振子方向,但倾斜于基片平面方向一角度,其倾斜角为 20° ~ 60°,增益为 10dB。这种天线用两种馈电方式得到两种不同的极化方式,图 5 - 12 为其方向图。

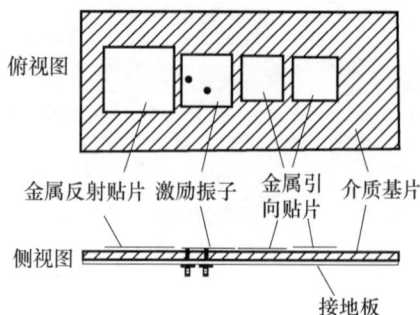

俯视图　金属反射贴片　激励振子　金属引向贴片　介质基片

侧视图　接地板

图 5-11　微带正方形贴片八木天线结构

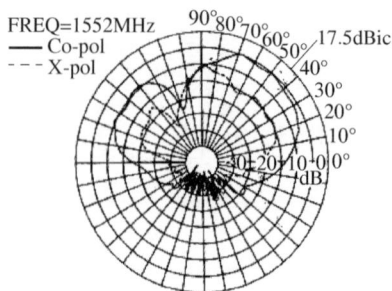

图 5-12　微带正方形贴片八木天线方向图

5.2.4　平面式微带准八木天线

文献[146]和[147]介绍了一种准八木型宽带微带天线的设计,如图 5-13 所示,它主要由两部分组成,上半部分为辐射部分,包括印刷偶极子与引向器,下半部分是微带线到共面带线(CPS)的转换。微带线的两个臂相差半波长,以实现共面带线的奇模激励,因而起到一个宽带巴仑的作用,微带线背面截断的接地面(图中下半部分)起到反射器的作用,文献[147]给出了一组设计数据:

$$w_1 = w_3 = w_4 = w_6 = w_{dri} = w_{dir} = 0.6mm, \quad w_2 = 1.2mm, \quad w_5 =$$

0.3mm, $L_1 = 3.15\text{mm}$, $L_2 = 1.8\text{mm}$, $L_3 = 4.65\text{mm}$, $L_4 = 2.1\text{mm}$, $L_5 = 1.8\text{mm}$, $S_5 = 0.6\text{mm}$, $S_6 = 0.3\text{mm}$, $S_{ref} = S_{sub} = 3.3\text{mm}$, $S_{dir} = 3.15\text{mm}$, $L_{dri} = 7.5\text{mm}$, $L_{dir} = 4.2\text{mm}$。

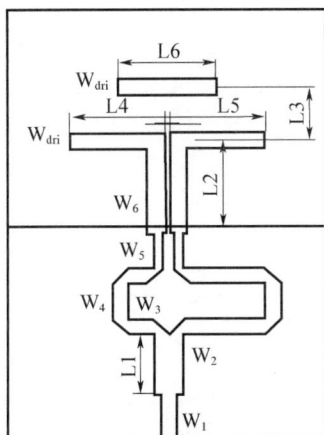

图 5 – 13   准八木天线结构图

基片的介电常数 $\varepsilon_r = 10.2$，基片厚度 $h = 0.635\text{mm}$，图 5 – 14 显示出了输入回波损耗（在 X 波段），图中实线是 FDTD 仿真，虚线是测量值。图 5 – 15 是该天线的方向图，前后向场强比为 18dB，天线增益为 $G = 6.5\text{dB}$，测试频率为 10GHz，但在 9.5GH$_z$ ~ 11.6GH$_z$ 范围内，各性能的变化都很小。

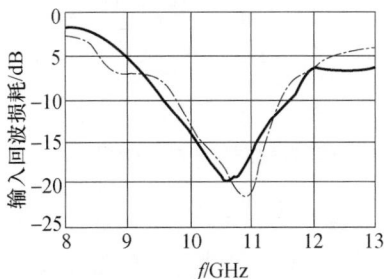

图 5 – 14   准八木天线损耗曲线

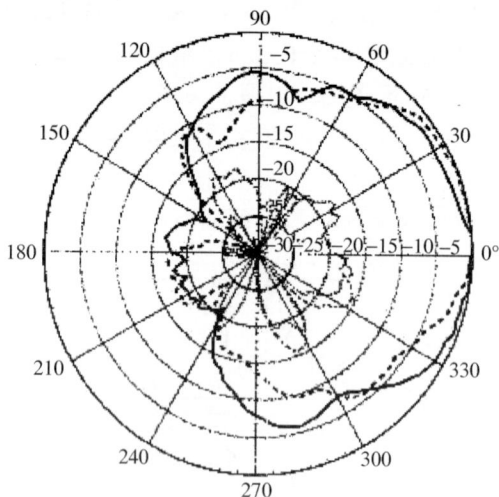

图 5 – 15 准八木天线方向图

5.3 介质埋藏准微带立体式八木天线设计与研究

由平面八木天线的研究可以看出,它们一个共同的特点,就是天线电磁波辐射主波束与基片平面之间的夹角只能小于90°,但有时候需要天线电磁波辐射主波束与基片平面之间有90°的夹角时,这些天线就无能为力了。为此,根据八木天线的基本原理和微带振子贴片耦合作用,研制出了一种电磁波辐射主波束垂直于基片平面的天线,这种天线就是一种立体式的准微带八木天线结构。

5.3.1 介质埋藏准微带立体式八木天线定义

1. 介质埋藏准微带立体式八木天线定义

这里称介质埋藏八木天线结构为介质埋藏准微带立体式八木天线:

将一层与微带贴片天线基片相同材料、形状和尺寸的介质板

120

(以下所有的覆盖介质板要求均同此)无缝隙地覆盖(以后各处覆盖均同)在微带天线的背面即金属接地板面,使接地板全部埋入介质中,以作为八木天线的反射振子,此时接地板任何一边的边缘都必须与其相对应的基片边缘有一定的间距(要求接地板任何一边的边缘到天线中心的距离都必须小于与其相对应的基片边缘到天线中心的距离,以保证从基片侧面看,贴片边缘不露在介质外面),然后再在微带天线的正面即天线贴片面上覆盖一层介质板,在此介质板上制作八木天线的激励振子(振子的任何边缘到天线中心距离都必须小于与其对应的基片边缘到天线中心距离,以下其它振子均同)。接着再将一层介质板覆盖在激励振子贴片上,据此原则依次制作第一引向振子,第二引向振子,直到第 N(N 为正整数)引向振子,最后再在第 N 引向振子贴片上覆盖一层介质板。

对这个定义的理解:第一,微带天线的天线元贴片任何一边的边缘必须与其对应介质基片对应边缘处有间距,即天线元贴片的任何一边边缘到天线中心的距离都必须小于与该边缘相对应的基片边缘到天线中心的距离,从而保证从基片侧面看,贴片边缘不露在介质外面。第二,每一层覆盖介质板的材料性质、形状和尺寸等必须与微带天线基片的完全一样。第三,振子贴片之间的介质板厚度就是八木天线振子之间的间距。第四,每一类振子都不共面,每类振子都是通过介质板相隔离,并且各自依托一层介质板上,它们被沿着天线辐射方向按八木天线制作规则依次重叠起来,这类似于三明治中的面包片夹着肉片一样,一层层地夹下去,因此又可称三明治式结构。第五,由于这种结构没有像微带天线那样大面积的接地板,与微带天线的概念有区别,所以称为准微带天线。第六,我们称它为立体式结构,是相对于各类振子贴片都处于微带基片一个平面上的平面式结构而言的。

2. 介质埋藏准微带立体式八木天线与平面式微带八木天线的区别

(1) 各类振子所处的平面不同,前者是每类振子都有各自的基片面,不共面,而后者则是共面的。

（2）前者引入了介质埋藏新概念,后者没有。

（3）天线贴片所处的空间不同,前者处于介质空间中,后者处于半自由空间中。

（4）前者的主波束方向与介质基片正面垂直,而后者不能。

（5）前者的天线结构位于介质内,其性能受环境影响小,而后者相对来说就较大。

5.3.2 自由空间中变形八木天线的设计

由第三章实验与分析结果,可以知道,线天线中的圆杆状振子可以用与它直径相同的薄片代替,对天线的性能影响不大。因此,可以根据自由空间中的圆杆状八木线天线理论及工程设计经验公式来设计这样的变形八木天线:全部用薄金属片代替八木线天线中的各个线振子,为后面的微带贴片设计打下基础。

由本章设计经验原则和表 5 - 1 知:在天线单元数为 $n = 4$ 时,引向振子之间的间距应为 $0.15\lambda_0 \sim 0.30\lambda_0$ 之间,激励振子即半波振子的长度应在 $0.453\lambda_0 \sim 0.463\lambda_0$ 之间,反射单元的长度应在 $0.475\lambda_0 \sim 0.486\lambda_0$,引向振子单元的长度应在 $0.446\lambda_0 \sim 0.456\lambda_0$ 之间。

对于八木天线中线径的要求是:线天线的半径 R 与其长度 $2l$ 之间的关系是:

$$\frac{2l}{R} \to \infty, 即 R \ll 2l$$

通常工程上取 $R \leqslant \dfrac{2l}{10}$。

我们以激励振子为依据,则 R 应小于 $0.0453\lambda_0 \sim 0.0463\lambda_0$ 之间的值（$n = 4$ 个单元时）,根据以上原则可取振子的半径: $R = 0.045\lambda_0$,则

振子宽度: $w = 2R = 0.090\lambda_0$

激励振子长度: $l_y = 0.453\lambda_0$

反射振子长度：$l_f = 0.475\lambda_0$

引向振子 1 长度：$l_1 = 0.446\lambda_0$

引向振子 2 长度：$l_2 = 0.446\lambda_0$

振子间距：$d = 0.285\lambda_0$

半波对称振子两近端间距：$b = 0.032\lambda_0$。

其结构如图 5 - 16 所示。

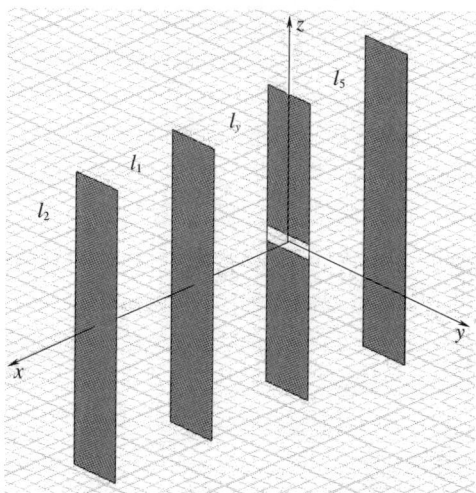

图 5 - 16　自由空间变形八木天线——八木薄片天线

5.3.3　介质埋藏准微带立体式八木天线设计

为了克服平面微带八木贴片天线的不足，根据空气中圆杆状八木线天线的结构及原理和微带贴片的耦合作用，构想出一种三明治式的结构方式，天线振子用长条薄金属贴片代替，振子之间的空隙全部用介质填充，这样振子贴片就不处于同一个平面上，而是有间隔地叠在一起。

1. 结构设计

上述的假设是基于我们把各金属振子全部埋入介质中的，因此，介质埋藏天线设计考虑的条件：将微带天线中用于接地的金属

123

贴片也要埋入介质中,并且将其作为反射振子,但金属贴片的长、宽边不能像微带天线那样与基片一样大,应该稍小一些,如图 5-17 所示,图中阴影部分为金属贴片,我们规定金属贴片边缘与基片 A 的边缘之间间距四边都一样,记为 Δd。

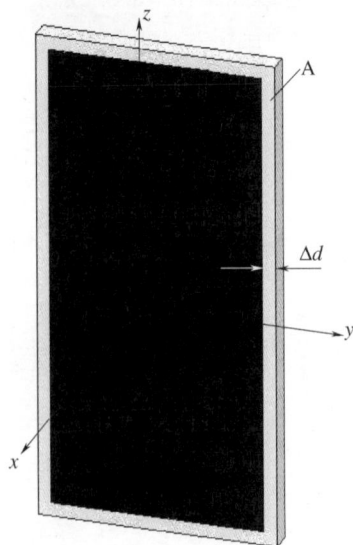

图 5-17 反射振子与基片的大小关系

然后再像做三明治一样在反射振子(面)上迭一层与基片材料、形状和尺寸完全相同的介质板 B,它的厚度即为八木天线振子之间的间距。再在介质板 B 上设计激励振子,即激励源贴片,如图 5-18 所示,图中阴影部分为金属贴片。

同理,再在激励振子贴片上面迭一层与基片完全相同材料、形状和尺寸的介质板 C,其厚度即为八木天线振子之间的间距。在介质板 C 上设计第一引向振子,如图 5-19 所示,阴影部分为金属贴片,它即为第一引向振子。

第二引向振子结构设计同第一引向振子,记其介质板为 D,将其迭加在介质板 C 上,如图 5-20 所示。

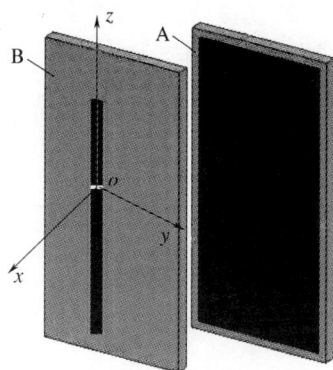

图 5 - 18　激励振子结构设计图

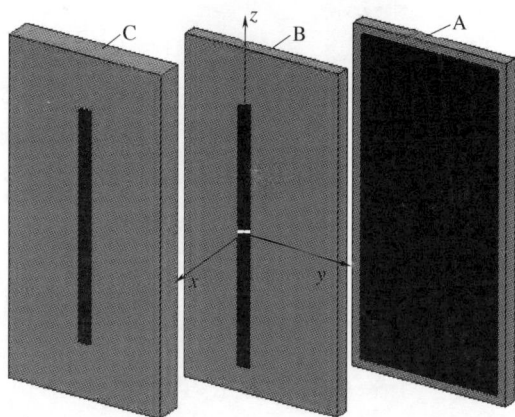

图 5 - 19　第一引向振子结构设计图

为了将第二引向振子埋入介质内,还必须将一与基片材料、尺寸相同的介质板 E 迭加在 D 上,其厚度与反射振子基片的厚度相同,见图 5 - 20。

由于每层之间金属贴片有厚度,因此,考虑用相同的材料胶黏剂,如环氧树脂,将各层粘接起来,同时这些胶也填充了因贴片有厚度而留下的空隙,使全部的三明治天线内没有空气,也使金属贴片完全埋入介质中。

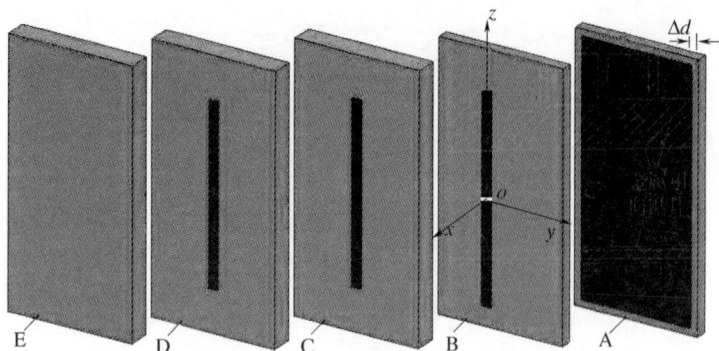

图 5 - 20　第二引向振子及其覆盖介质层结构的设计图

2. 振子贴片尺寸设计

根据 5.3.2 中变形八木天线设计原则,我们利用其中所述的金属薄片数据作为介质埋藏准微带立体式八木天线振子贴片选取依据,只是此时要考虑电磁波是在介质中传播,则等效 ε_e 应为

$$\varepsilon_e = \frac{\varepsilon_r + 1}{2} + q\frac{\varepsilon_r - 1}{2}$$

由于八木天线的方向性比较好,所以假设电磁波沿天线侧面传播的辐射可忽略不计,又由于贴片都是埋藏在介质中的,因此,这里可认为 $q \approx 1$,所以有 $\varepsilon_e \approx \varepsilon_r$。此时,

$$\lambda_r = \frac{\lambda_0}{\sqrt{\varepsilon_e}} \approx \frac{\lambda_0}{\sqrt{\varepsilon_r}}$$

上述变形八木天线振子长度及间距等数据中的 λ_0 应换成 λ_r,则有

$$\text{激励振子长度}: l_{yr} = 0.453\lambda_r = \frac{l_y}{\sqrt{\varepsilon_r}}$$

$$\text{反射振子长度}: l_{fr} = 0.475\lambda_r = \frac{l_f}{\sqrt{\varepsilon_r}}$$

$$\text{引向振子 1 长度}: l_{1r} = 0.446\lambda_r = \frac{l_1}{\sqrt{\varepsilon_r}}$$

引向振子 2 长度：$l_{2r} = 0.446\lambda_r = \dfrac{l_2}{\sqrt{\varepsilon_r}}$

振子间距：$d_r = 0.25\lambda_r = 0.285\dfrac{\lambda_0}{\sqrt{\varepsilon_r}}$

根据第三章原理和实验经验：宽度保持不变。

3. 介质板厚度尺寸设计

振子之间的间距，在这里实际上是各介质板之间的厚度，但由于选取的介质板最小厚度为 $\delta_{min} = 1.6mm$，因此，设计间距时必须考虑是 δ_{min} 的整数倍数。

令

$$d_r = \gamma \cdot \lambda_r (\gamma = 0.285)$$

则

$$d_r = \gamma \cdot \dfrac{\lambda_0}{\sqrt{\varepsilon_r}} = \dfrac{\gamma \cdot \lambda_0}{\sqrt{\varepsilon_r}} = \dfrac{d_0}{\sqrt{\varepsilon_r}}$$

式中，d_0 是空气中振子之间的间距，所以有

$$d_0 = \sqrt{\varepsilon_r} \cdot d_r = \sqrt{\varepsilon_r} \cdot n\delta_{min}(n \text{ 为正整数})$$

取

$$\sqrt{\varepsilon_r} = \sqrt{4.4}, \delta_{min} = 1.6mm,$$

则

$$d_0 = 3.3562n$$

在前文中取 $d_0 = 0.285\lambda_0$，于是有

$$0.285\lambda_0 = 3.3562n$$

即

$$n \geqslant 10,$$

取

$$n = 10$$

因此，前面的介质板 B、C、D 各自的厚度都为 $1.6 \times 10 = 16mm$。

最初选取介质板 A 和 E 的厚度也都与 B、C、D 的厚度一样，但经过仿真实验，介质板 A，即反射振子基片的厚度为 8mm 时，天线的性能更好。

5.4 介质埋藏准微带立体式八木天线实验与结果分析

5.4.1 自由空间中变形八木天线的实验结果及分析

1. 仿真及实物天线测试结果与分析

由第三章知,我们的设计和实验原则是根据谐振频率已给定,围绕着谐振频率来进行天线各性能参数的设计、仿真、实验、修正等,以期得到最佳结果。

将上述设计的自由空间中的变形八木天线进行仿真实验后,其实验结果与我们所期待的目标稍有出入。我们经过分析后,认为这也是正常的:①我们的振子有宽度:$w = 10\text{mm}$,这虽然从平面上,即厚度上看很薄,但从宽度上看,却是很"大",不太完全符合"线"的概念,八木振子天线的分析理论是建立在"线"的概念之上的。②电磁波对平面薄片的效应与对圆杆的是不一样的,相同长度的圆杆表面的面积显然比薄片的大,因而对电磁波的效应是有区别的。③圆杆八木天线计算振子之间的距离时,是指振子中心之间的,显然圆杆之间的表面间隔比中心间隔要近,而我们的薄片间距相当于圆杆中心之间的间距,因此其表面对电磁波作用的距离要比圆杆的大。鉴于以上分析的原因,重新设计和调整了尺寸,这组尺寸数据如下:

反射振子薄片,长度 $l_f = 0.60\lambda = 75\text{mm}$,宽度 $w_f = 0.32\lambda = 40\text{mm}$

激励振子薄片,长度 $l_y = 0.384\lambda = 48\text{mm}$,宽度 $w_y = 0.08\lambda = 10\text{mm}$

引向振子1薄片,长度 $l_1 = 0.368\lambda = 46\text{mm}$,宽度 $w_1 = 0.08\lambda = 10\text{mm}$

引向振子2薄片,长度 $l_2 = 0.328\lambda = 41\text{mm}$,宽度 $w_2 = 0.08\lambda = 10\text{mm}$

振子间距,$d = 0.24\lambda = 30\text{mm}$

其结构图如图 5 – 21 所示。

依据上述分析数据进行仿真的结果:增益 $G = 9.915\text{dB}$,谐振频率 $f_o = 2.40\text{GHz}$,带宽 $B = 0.56\text{GHz}$,驻波比 $\rho = 1.1$,输入阻抗的实部 $\text{Re} = 48\Omega$、虚部 $\text{Im} = +2.5$,E 面的波瓣宽度 $\theta_{0.5E} = 72°$,且后

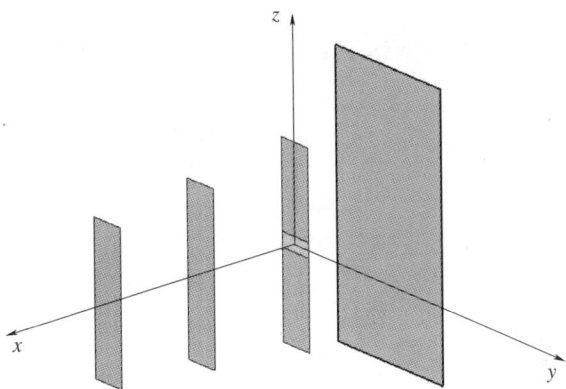

图 5 - 21   自由空间中的八木薄片天线

瓣和旁瓣很小。

根据上述仿真数据,我们做出了实物天线(图 5 - 22)并进行测试,其测试结果:增益 $G = 9.15\text{dB}$,谐振频率 $f_0 = 2.403\text{GHz}$,带宽 $B = 0.53\text{GHz}$,驻波比 $\rho = 1.3$,输入阻抗的实部 Re $= 53\Omega$,E 面的波瓣宽度 $\theta_{0.5E} = 72.3°$,可见仿真与实物测试基本吻合,其性能如图 5 - 23 所示。当然,我们也要注意到:变形八木天线在实物中各振子要用支架固定,这些固定部分对天线性能肯定是有影响的,所以,测试到的实物天线性能要比仿真的稍差点。

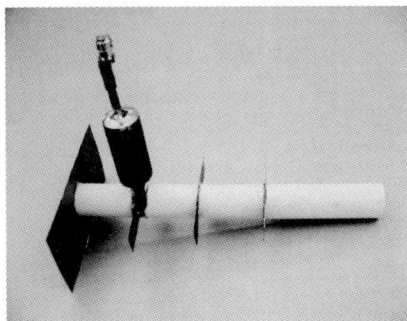

图 5 - 22   自由空间中的八木薄片天线实物照

129

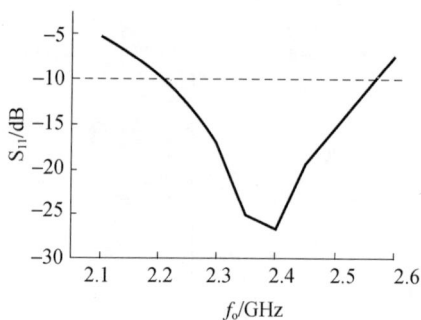

(a) S$_{11}$曲线

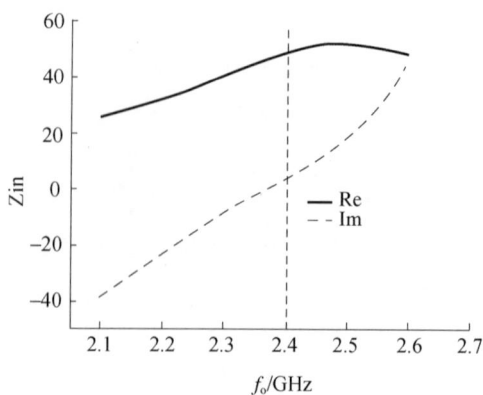

(b) 输入阻抗曲线图

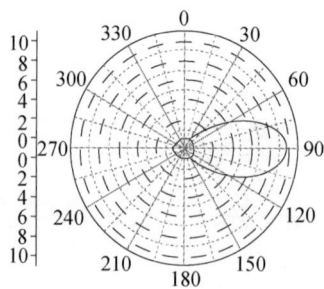

(c) E面方向图

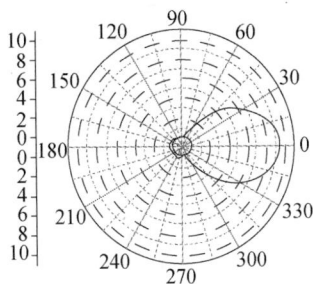

(d) H面方向图

图 5-23　自由空间变形八木天线性能图

2. 各振子尺寸变化对变形八木天线性能影响

在上述实验数据基础上,我们对各振子的长度、宽度以及振子之间的间距等变化对天线的影响,都作了研究,为后续的介质埋藏天线研究积累经验,表 5-2 和 5-3 为各种情况下的典型数据。

表 5-2　反射振子的尺寸变化对天线性能的影响

W_f/mm	l_f/mm	f_o/GHz	B/GHz	G/dB	ρ	Re/Ω	Im	$\theta_{0.5E}$/(°)
60	75	2.40	0.56	10.119	1.1	48	+2.5	72
40	75	2.40	0.56	9.915	1.1	48	+5	72
20	75	2.40	0.57	9.4075	1.01	50	+2	73
10	75	2.40	0.58	9.0611	1.02	51	-2	75
40	80	2.40	0.375	9.9409	1.08	52	-5.5	61
40	75	2.40	0.56	8.9369	1.1	48	+5	72
40	70	2.401	0.565	9.935	1.1	47	+3	72
40	65	2.404	0.569	9.915	1.11	47	0	73

表 5 - 3　振子间距的变化对天线性能的影响

d_r/mm	f_o/GHz	B/GHz	G/dB	ρ	Re/Ω	Im	$\theta_{0.5E}$/(°)
34	2.35	0.36	10.311	1.08	52	-2	71
30	2.40	0.56	10.119	1.1	48	+2.5	72
26	2.40	0.35	10.000	1.17	39	+7	72
20	2.42	0.34	9.7611	1.21	35	+9	73

　　限于篇幅,不再一一列出其它数据,通过进行仿真实验与实物测试,可得出下列关于振子尺寸变化对天线性能影响的规律:

　　(1)反射振子的宽度增加时,天线增益 G 增大,带宽 B 变窄,驻波比 ρ 增大,输入电阻 Re 在 50Ω 附近减小,谐振频率 f_o 不变,半功率波瓣宽度 $\theta_{0.5E}$ 减小、尾瓣和旁瓣很小。

　　(2)反射振子的长度增加时,天线增益 G 增大,带宽 B 变窄,驻波比 ρ 减小,输入电阻 Re 在 50Ω 附近增大,谐振频率 f_o 略有减小,半功率波瓣宽度 $\theta_{0.5E}$ 增大,尾瓣和旁瓣很小。

　　(3)激励振子的变化对天线性能的影响与第三章中自由空间半波薄片振子天线的研究结果近似。

　　(4)引向振子的长度增加时,天线增益 G 减小,带宽 B 变窄,驻波比 ρ 增大,输入电阻 Re 在 50Ω 附近增大,谐振频率 f_o 不变,半功率波瓣宽度 $\theta_{0.5E}$ 增大,尾瓣和旁瓣很小。

　　(5)振子间距增加时,天线增益 G 增大,带宽 B 变窄,驻波比 ρ 减小,输入电阻 Re 在 50Ω 附近增大,谐振频率 f_o 减小,半功率波瓣宽度 $\theta_{0.5E}$ 减小,尾瓣和旁瓣很小。

　　(6)通过大量的实验,还得出引向振子和激励振子长度之间的经验公式为

$$\begin{cases} l_1 = l_y + 0.016\lambda_0 \\ l_2 = l_y - 0.024\lambda_0 \end{cases}$$

式中,l_y,l_1,l_2 分别表示激励振子,引向振子 1 和引向振子 2 的

132

长度。

上述实验结果值得注意的是,当反射振子的宽度比其它振子的宽度宽时,天线的增益明显提高,这说明电磁波在激励振子的两旁还有较大一部分没有被反射振子所反射,这同时给了我们一个有益的启示:如果将变形八木天线各振子的宽度也像振子的长度那样按反射振子、激励振子、引向振子的顺序依次变窄,那么天线的方向性和辐射效率应该是有较大的提高。

5.4.2 介质埋藏准微带立体式八木天线的实验及结果分析

1. 仿真及实物测试结果与分析

根据上述设计,我们首先进行了仿真,从其结果可看出天线性能与设计要求有偏差,为此需要对上面尺寸进行修正,参考自由空间变形八木天线的仿真与实物测试结果,再进行反复仿真与研究后,得出一组数据如下:

反射振子贴片,长度 $l_f = 0.28\lambda = 35\text{mm}$,宽度 $w_f = 0.16\lambda = 20\text{mm}$,

激励振子贴片,长度 $l_y = 0.224\lambda = 28\text{mm}$,宽度 $w_y = 0.08\lambda = 10\text{mm}$,

引向振子 1 贴片,长度 $l_1 = 0.168\lambda = 21\text{mm}$,宽度 $w_1 = 0.08\lambda = 10\text{mm}$,

引向振子 2 贴片,长度 $l_2 = 0.164\lambda = 20.5\text{mm}$,宽度 $w_2 = 0.08\lambda = 10\text{mm}$,

振子间距,$d = 0.128\lambda = 16\text{mm}$。

激励振子贴片、引向振子 1 贴片和引向振子 2 贴片所依附的基片层:

厚度 $d = 0.128\lambda = 16\text{mm}$,长度 $l_{di} = 0.336\lambda = 42\text{mm}$,宽度 $w_{di} = 0.216\lambda = 27\text{mm}$。

引向振子 2 贴片的覆盖层:

厚度 $h_{dg} = 0.128\lambda = 16\text{mm}$,长度 $l_{di} = 0.336\lambda = 42\text{mm}$,宽度 $w_{di} = 0.216\lambda = 27\text{mm}$。

反射振子贴片依附的基片层:

厚度 $h_{dd} = 0.064\lambda = 8\text{mm}$,长度 $l_{di} = 0.336\lambda = 42\text{mm}$,宽度 $w_{di} = 0.216\lambda = 27\text{mm}$。

仿真实验结果是:增益 $G = 6.4575\text{dB}$,谐振频率 $f_o = 2.40\text{GHz}$,

带宽 $B = 0.14\text{GHz}$，驻波比 $\rho = 1.15$，输入阻抗的实部 $\text{Re} = 57\Omega$、虚部 $\text{Im} = -2$，E 面的波瓣宽度 $\theta_{0.5E} = 71°$，且后瓣和旁瓣很小，其性能如图 5 – 24 所示。

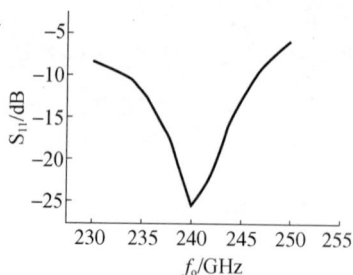

(a) S_{11}曲线

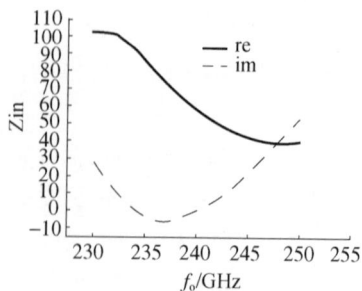

(b) 输入阻抗曲线

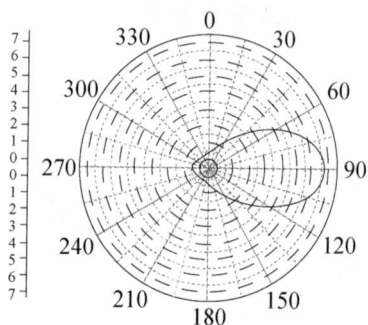

(c) E面方向图

134

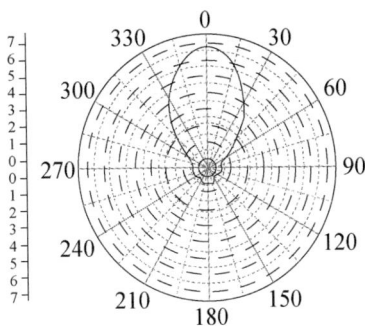

(d) H面方向图

图 5 - 24 介质埋藏准微带立体式八木天线性能曲线图

根据上述仿真数据,我们做出了实物天线(图 5 - 25),进行了测试,其测试结果:增益 $G = 6.27$dB,谐振频率 $f_0 = 2.407$GHz,带宽 $B = 0.142$GHz,驻波比 $\rho = 1.2$,输入阻抗的实部 $Re = 56\Omega$,E 面的波瓣宽度 $\theta_{0.5E} = 72°$,可见:仿真与实物测试基本吻合。

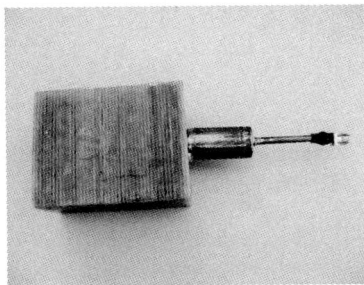

图 5 - 25 介质埋藏准微带立体式八木天线实物照

2. 各振子尺寸变化对天线性能的影响

在上述实验数据基础上,分别对各振子的长度、宽度,振子之间的间距,埋藏天线基底和顶层覆盖基片厚度等变化对天线的影响,都作了研究,表 5 - 4 为反射振子的尺寸变化对天线性能影响的典型数据。

表 5-4　反射振子的尺寸变化对天线性能的影响

l_f/mm	W_f/mm	f_o/GHz	B/GHz	G/dB	ρ	Re/Ω	Im	$\theta_{0.5E}$/(°)
35	10	2.50	0.11	7.2594	1.5	62	+17	70
35	20	2.40	0.14	6.4575	1.15	57	-2	71
35	40	2.32	0.17	5.0418	1.1	52	-3	77
30	20	2.46	0.097	7.1401	1.45	59	+19	70
35	20	2.40	0.14	6.4575	1.15	57	-2	71
40	20	2.38	0.17	5.5802	1.05	46	0	76

通过进行仿真实验与实物测试,总结出下列振子等尺寸变化对天线性能影响的规律:

（1）反射振子的宽度增加时,天线增益 G 减小,带宽 B 变宽,驻波比 ρ 减小,输入电阻 Re 在 50Ω 附近减小,谐振频率 f_o 减小,半功率波瓣宽度 $\theta_{0.5E}$ 增大、尾瓣和旁瓣很小。这些特点除方向图外与自由空间薄片八木天线的正好相反。

（2）反射振子的长度增加时,天线增益 G 减小,带宽 B 变宽,驻波比 ρ 减小,输入电阻 Re 在 50Ω 附近减小,谐振频率 f_o 略有减小,半功率波瓣宽度 $\theta_{0.5E}$ 增大、尾瓣和旁瓣很小。这些特点除了方向图、增益、带宽和输入电阻外,其余的与自由空间薄片八木天线的相同。

（3）激励振子的变化对天线性能的影响与第三章中介质埋藏准微带振子天线激励振子的研究结果类似。

（4）引向振子的长度增加时,天线增益 G 减小,带宽 B 变宽,驻波比 ρ 减小,输入电阻 Re 在 50Ω 附近增大,谐振频率 f_o 不变,半功率波瓣宽度 $\theta_{0.5E}$ 增大、尾瓣和旁瓣很小。除了带宽和驻波比变化规律与自由空间薄片八木天线的相反外,其余相同。

（5）振子间距增加时,天线增益 G 增大,带宽 B 变宽,驻波比 ρ 减小,输入电阻 Re 在 50Ω 附近增大,谐振频率 f_o 减小,半功率

波瓣宽度 $\theta_{0.5E}$ 减小、尾瓣和旁瓣很小。除了带宽变化规律与自由空间薄片八木天线的相反外,其余相同。

（6）顶层覆盖基片厚度增加时,天线增益 G 增大,带宽 B 变宽,驻波比 ρ 减小,输入电阻 Re 在 50Ω 附近增大,谐振频率 f_o 减小,半功率波瓣宽度 $\theta_{0.5E}$ 减小、尾瓣和旁瓣很小。

5.4.3 变形八木天线与介质埋藏准微带立体式八木天线性能比较

1. 两种天线性能比较

由上述自由空间变形八木天线与介质埋藏准微带立体式八木天线性能的实验结果总结可看出,它们有如下不同点:

（1）体积,后者的体积比前者减小了70%。

（2）带宽,后者的带宽比前者降低了75%。

（3）增益,后者的增益比前者降低了36%。

（4）半功率波瓣宽度 $\theta_{0.5E}$,后者的 $\theta_{0.5E}$ 比前者稍有下降。

（5）驻波比,后者的驻波比比前者增加了4.3%。

（6）输入电阻,后者的输入电阻比前者增加了16%。

两种天线的性能比较如表5-5所列。

表5-5 变形八木天线与介质埋藏
准微带立体式八木天线性能比较

天线类型	V/mm^3	B/GHz	G/dB	ρ	$\theta_{0.5E}/(°)$	Re/Ω	Im
自由空间中	$75\times40\times(30\times3)$	0.56	9.915	1.1	72	48	2.5
介质埋藏内	$42\times27\times(16\times4+8)$	0.14	6.4575	1.15	71	57	-2

2. 差异分析

造成以上两种天线性能明显差异的主要原因如下:

（1）体积的减小,这是符合微带天线理论的,因为此时的介质中的等效介电常数为

$$\varepsilon_e \approx \varepsilon_r = \sqrt{4.4} \approx 2.1$$

电磁波在介质中的波长为

$$\lambda_r = \frac{\lambda_0}{\sqrt{\varepsilon_r}} = 0.476\lambda_0$$

137

使得波长在介质中缩短了一倍多,而八木天线的各振子参数又都是与波长成线性比例关系的,从而都跟着缩短。另外,由于八木天线中的激励振子是对称振子,其体积在不同的介质中缩短效应也不一样,所以也会出现上述体积大大缩小的现象。

(2)带宽减小,这也是符合微带天线普遍带宽窄的理论和现象的,现在人们围绕展宽微带天线带宽的课题,开展许多研究,在第二章已经综述过了。

(3)增益的下降,可以这样认为:因为在介质中的总损耗包含辐射损耗、导体损耗、介质损耗和表面波损耗等,特别是在介质埋藏天线中,介质厚度远大于普通微带天线的厚度了,所以这里的表面波损耗是很大的,这大大影响了天线的辐射效率。另外,由于有介质的存在使反射振子的反射效果变差,从而使天线增益降低很多,解决的办法是天线组阵,但要以增大体积作为代价。

(4)由式(5.1.37)知,天线的主瓣半功率宽度与介电常数也有着复杂的关系,因而,这里的主瓣半功率宽度的变化也是符合天线理论的,但没有达到我们预想的效果,即更窄一点。

5.5 介质埋藏准微带立体式八木天线的改进

5.5.1 增加旁边栅栏

由以上几组数据的仿真效果,可以看出天线方向性不太好,这与空气中的八木天线性能相差较远。通过分析和研究,认为这可能是由于介质的原因所致:电磁波在介质中的传播情况复杂,可能使引向振子没有起到应有的作用。为此,我们想到能否将向天线振子两侧辐射的电磁波给"拦住"呢?于是,根据微带天线理论,在每个振子(反射振子除外)两旁增加寄生振子,其宽度与主振子(指原介质埋藏准微带立体式八木天线的激励振子和引向振子)的一样,长度稍微长于各自的主振子,这样相当于在振子的两旁增加了"栅栏",使得沿天线传播方向的电磁波在一条小巷道内传播,从而保证电磁波不向侧面辐射,于是改善了其方向性。此外,由于增加的寄生贴片改变了天线的阻抗特性,也会使谐振频率和带宽发生改变。

　　将上述的设想,构成改进天线结构图如图 5 - 26 所示(为观察方便,图中只显示实际天线的振子贴片,隐去了介质层),图中 A 组振子就是原天线振子,它包括激励振子、引向振子 1 和引向振子 2,称为主振子组,图中 B 组振子和 C 组振子都是主振子组的寄生振子组,我们称为"栅栏"。注意这里反射振子没有寄生振子。经过多次优化仿真后,终于得到了较为满意的结果,其性能参数如表 5 - 6 所列,图 5 - 27 是它的 S_{11} 曲线。

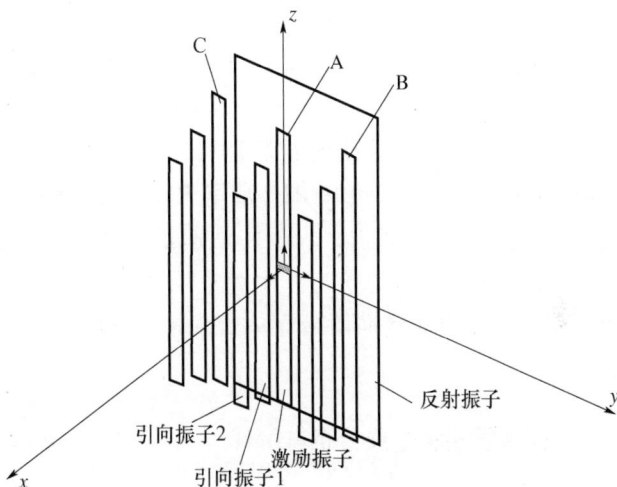

图 5 - 26　增加"栅栏"后天线的结构图

表 5 - 6　介质埋藏准微带立体式
八木天线增加"栅栏"前后性能数据

天线类型	f_0/GHz	B/GHz	G/dB	ρ	Re/Ω	Im/Ω	$\theta_{0.5E}$/(°)
原天线	2.40	0.14	6.4575	1.15	57	-2	71
有"栅栏"	2.40	0.261	9.7371	1.10	51	-7	59

139

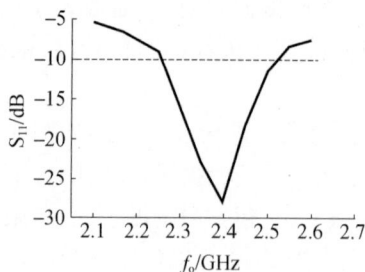

图 5 - 27   增加"栅栏"后,天线的 S_{11} 曲线

可见,E 面方向图波瓣宽度由 71° 降低到 59°,降低了 17% ;带宽由 0.14GHz 变宽到 0.261GHz,增加了 87% ;天线增益也由 6.4575 dB 增加到 9.7371dB,增大了 51% 。其性能改善相当明显。

按上述仿真尺寸做成天线实物后,测试的数据结果为:增益 $G = 9.64$dB,谐振频率 $f_0 = 2.401$GHz,带宽 $B = 0.259$GHz,驻波比 $\rho = 1.12$,输入阻抗的实部 Re $= 53\Omega$,E 面的波瓣宽度 $\theta_{0.5E} = 58.7°$,可见与仿真结果较为接近。由此证明我们的推测是正确的,这为后面研究介质埋藏准微带立体式八木天线阵打下了很好的基础。

5.5.2   结构改进后实验结果分析与解释

为什么增加了振子两边的"栅栏"后,就可使天线的性能明显地提高呢? 其主要原因分析如下:

1. 关于天线方向性能提高的分析

增加了振子"栅栏"后,通过适当调整"栅栏"与主振子之间的间距,从而保证电磁波经过"栅栏"反射后回来的电磁波,在主辐射方向前方与主振子辐射出的电磁波同相而迭加,这相当于将由振子侧面辐射出去的电磁波又"拦"了回来。每一条振子和两寄生振子构成同一个平面,由于我们设计时,是让两边的"栅栏"都

140

比主振子长,因此,用八木天线的反射振子理论来解释以上的现象也是合理的,即这里"栅栏"相对于自己的主振子来说又是反射振子,电磁波在该平面上,左、右和后都被"拦住",又被前方引向,故使得天线的方向性能更好。

这里对天线方向性提高的另一贡献者,就是介质。参考文献[148]指出,根据电磁场理论,从光密向光疏媒质传播的电磁波,在两种媒质交界面的入射角大于临界角时,将发生全反射。该文献还提供了这种原理用于天线中的例子,即是介质导体双反射面天线,这种天线中,光疏媒质是空气,介质则是光密媒质($\varepsilon_r > 1$)。这种结构还缩短了天线副面与辐射器之间的距离,减小了天线体积。文献[51]提供的介质杆天线是介质可以增强天线方向性的另一实物例证,这种天线的辐射器不是金属杆,而全部是介质杆,当介质杆的直径达到波长量级时,大部分电磁波功率就被介质约束在杆内,只能沿杆径方向传输。很显然,天线中 $\varepsilon_r = 4.4$,$\varepsilon_r > \varepsilon_0 = 1$ 是光密媒质,当电磁波在介质与空气交界面处,只要是入射角大于临界角的电磁波都被反射回去,这种现象只发生在介质埋藏天线的上、下、左、右四个侧面。

2. 关于展宽天线宽带的分析

按照微带天线理论的解释,增加贴片的寄生贴片,是改变了微带天线的谐振特性,使其由单调谐特性变成双调谐特性,谐振曲线峰顶变宽广而平坦,因而使带宽变宽。

由微带天线的空腔模型分析知,微带天线可以等效为 RLC 并联谐振电路,如图 5-28 所示。

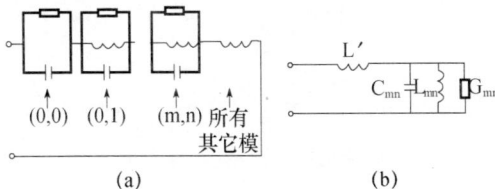

(a)　　　　　(b)

图 5-28　微带天线等效电路

该分析方法认为:微带天线阻抗频带窄的根本原因就在于它是一种谐振式天线,它的谐振特性犹如一个高 Q 并联谐振电路,对于薄微带天线(基片厚度 h 远小于电磁波波长 λ_0),其馈线驻波比不大于 ρ 的相对带宽为

$$BW = \frac{\rho - 1}{\sqrt{\rho}\,Q} \times 100\%$$

这说明展宽频带的基本途径是降低等效谐振电路的 Q 值,如增大基片厚度 h,降低基片相对介电常数 ε_r 及增大矩形贴片的长/宽比值等。但在本天线中,由于各方面因素的相互制约,这些方法都不能采用,故只有采用修改谐振电路的方法,将上述的简单RLC 电路修改为多谐振点的耦合谐振电路,给振子贴片共面增加寄生贴片可以达到此目的[149],在振子贴片的长边两旁各增加 1个寄生贴片,正是参考此经验,从而使带宽增加到 0.261GHz,其相对带宽为

$$BW_{ce} = \frac{B}{f_0} = \frac{0.261}{2.40} \approx 11\%$$

142

第六章　介质埋藏准微带立体式
八木天线阵设计与研究

团结就是力量,合作创造辉煌。

微带八木天线阵的研究,目前还是停留在平面式的结构上,即在一微带基片上设计布置各种形式的或变形的八木天线阵元以构成阵,立体式的结构还无人问津,本章将遵循第四章提出的介质埋藏准微带立体式八木天线的思路将它们组成阵。在这里,我们的思路是把不同类型的振子分成不同的组,同一类型的振子放在同一组内,每一组振子都安排在同一层介质的同一平面上,不同组的振子就在不同的平面上,严格按照对应尺寸,遵循由反射振子组、激励振子组、引向振子 1 组、引向振子 2 组……依次向上叠加,最后加盖一层与基片完全相同的材料、形状和尺寸的介质板,则形成了我们称之为的介质埋藏准微带立体式八木天线阵。再对各八木天线阵元进行同相并联式馈电。值得说明的是,八木天线本身就是一个天线阵,但本书为了叙述方便,将每一个八木天线阵称作为一个八木天线阵元,多个这样的阵元就构成了本书所说的八木天线阵。

6.1　介质埋藏准微带立体式八木天线线阵分析模型研究

6.1.1　微带振子天线线阵辐射特性理论分析

由于天线阵的辐射特性主要体现指标是方向图,因此重点研究它的方向图理论模型,并且今后的设计就是线阵,所以只对微带振子线阵进行研究。

方向图乘积定理告诉我们:由相同而且取向一致的辐射元组成的阵列天线方向图是其辐射元方向和阵因子方向图的乘积。因此将要研究的微带天线阵方向图就是将实际辐射元用无方向性的点源来代替(当然要具有原来的激励振幅和相位而形成的)阵方向图。我们知道,微带辐射元的方向图可由其等效磁流元的辐射场得出。于是就可以很方便地求出微带线阵的辐射特性。

如图 6 - 1 所示,这里振子的辐射可用沿其长边的两侧 L 边的磁流来等效。

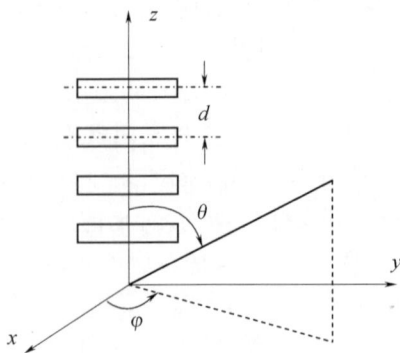

图 6 - 1 线阵几何关系

根据上图所示的坐标系关系,则其辐射元方向图为

$$F_1(\theta,\varphi) = (1 - \sin^2\theta\sin^2\varphi)^{\frac{1}{2}}\cos\left(\frac{k_0 d_0}{2}\cos\theta\right) \quad (6.1.1)$$

而阵因子方向图的一般表达式为

$$F_a(\theta) = \left| \sum_{n=1}^{N} \frac{V_n}{V_1}e^{j(k_0 d_0\cos\theta + \varphi_n)} \right| \quad (6.1.2)$$

式中,V_n、φ_n 分别为第 n 单元的激励振幅和相位,d_n 为第 n 单元到位于坐标原点处的第一单元的距离。

对于均匀阵各单元激励振幅相等,相邻单元相位都滞后 βd(d 为相邻单元的间距),于是有

$$F_a(\theta) = \left| \sum_{n=1}^{N} e^{j(n-1)(k_0 d_0\cos\theta - \beta d)} \right| \quad (6.1.3)$$

令 $u = k_0 d_0 \cos\theta$，$u_0 = \beta d$ 则有

$$
\begin{aligned}
F_a(\theta) &= \left| \sum_{n=1}^{N} e^{j(n-1)(u-u_0)} \right| = \left| \frac{e^{jN(u-u_0)} - 1}{e^{j(u-u_0)} - 1} \right| \\
&= \left| \frac{e^{jN(u-u_0)/2} \left[e^{jN(u-u_0)/2} - e^{-jN(u-u_0)/2} \right]}{e^{j(u-u_0)/2} \left[e^{j(u-u_0)/2} - e^{-j(u-u_0)/2} \right]} \right| \\
&= \frac{\sin \dfrac{N(u-u_0)}{2}}{\sin \dfrac{(u-u_0)}{2}}
\end{aligned}
\tag{6.1.4}
$$

式(6.1.4)中以 u 为变量画出的图形如图 6-2 所示，主最大值为 N（元数），发生在 $u = u_0$ 及 $(u-u_0)/2 = m\pi$ 处（式中 m 为整数）。u 值每过 2π，方向图就重复一次。但与物理空间相对应的 u 值范围（称为可见范围）是 $-k_0 d \leqslant u \leqslant k_0 d$（因为 $-1 \leqslant \cos\theta \leqslant 1$），即其边界在 $u = 0$ 两侧的 $2\pi d/\lambda_0$ 处。通常在可见范围内只有一个主瓣，而不希望出现第二个主最大值（即称为栅瓣），所以，d 必须足够小。

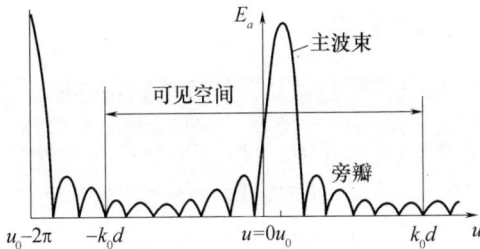

图 6-2　均匀线阵的阵因子方向图

则天线的总方向图为

$$
F(\theta, \varphi) = F_1(\theta, \varphi) F_a(\theta)
\tag{6.1.5}
$$

我们知道，谐振式并馈线阵，各馈电单元同相，即 $u_0 = 0$，其主最大值发生在 $u = 0$ 处，也就是说 $\cos\theta_M = 0$，$\theta_M = 90°$（边射）。

我们来研究图 6-1 中 xz 平面的方向图，当元数 N 较大时，主瓣宽度主要由阵因子方向图决定。令 $\theta' = 90° - \theta$，则均匀阵的阵

因子归一化方向图为

$$f_a(\theta') = \frac{\sin\left(\dfrac{1}{2}Nk_0 d\sin\theta'\right)}{N\sin\left(\dfrac{1}{2}k_0 d\sin\theta'\right)} \qquad (6.1.6)$$

它的半功率点发生在

$$f_a(\theta'_{0.5}) = \frac{\sin\left(\dfrac{N\pi d}{\lambda_0}\sin\theta'_{0.5}\right)}{N\sin\left(\dfrac{\pi d}{\lambda_0}\sin\theta'_{0.5}\right)} = \frac{\sqrt{2}}{2} \approx 0.707$$

于是可得

$$\frac{N\pi d}{\lambda_0}\sin\theta'_{0.5} \approx 1.392$$

$$\sin\theta'_{0.5} = 0.443\frac{\lambda_0}{Nd}$$

所以,半功率点波瓣宽度为

$$\theta'_{0.5} \approx 0.886\frac{\lambda_0}{Nd} = 51° \cdot \frac{\lambda_0}{L} \qquad (6.1.7)$$

式中,$L = Nd$ 为线阵长度。

6.1.2   介质埋藏准微带立体式天线阵辐射特性理论研究

在将要研究的天线阵中,可以把每个八木天线作为一个整体,看作是上面的一个单元,即可运用上述理论分析公式了。

至于八木天线的方向图,则可根据上一章的第一节中公式求出,在那里,是把半波对称振子和反射振子构成的天线作为一个单元,求出其方向图,然后,再将此单元方向图乘以阵因子方向图,得出八木天线的方向图,而此八木天线方向图又是我们这里天线阵的阵元方向图,最后乘以阵因子方向图,即得我们所要的天线阵方向图了。

6.1.3   平面式微带八木天线线阵实例

由许多(两个及以上)的平面式微带八木天线阵元按一定规

律在同一基片上排列的阵列,就构成了平面式微带八木天线阵。

本书将研究较典型的三种平面式微带八木天线阵的结构形式,它们的一个共同特点就是天线阵主波束与天线阵基片平面有一夹角,可以通过控制天线阵中各阵元馈源的开通与关闭,或者是控制馈源相位变化,从而使波束能在一定角度范围内扫描。

1. 正方形贴片振子平面式微带八木天线阵

上一章中的图 5 – 11 是文献[145]提出的八木天线阵中的一个阵元,该阵元主要由四个正方形贴片构成。反射贴片最大,为2.5inch 的边长,激励贴片次之,为 2.2inch 边长,两个引向贴片的边长则为 2.1inch。该文献还给出了由上述四个单元组成的微带八木天线阵,如图 6 – 3 所示,它们的合成波束离天线阵平面有一夹角,大约为 20°,可抬至 60°(天线最大增益为 10dB,波瓣宽度为60°)。此种天线阵共形性好,成本低廉(与原八木天线阵比),应用于移动交通工具的通信系统和卫星地面接收系统中。

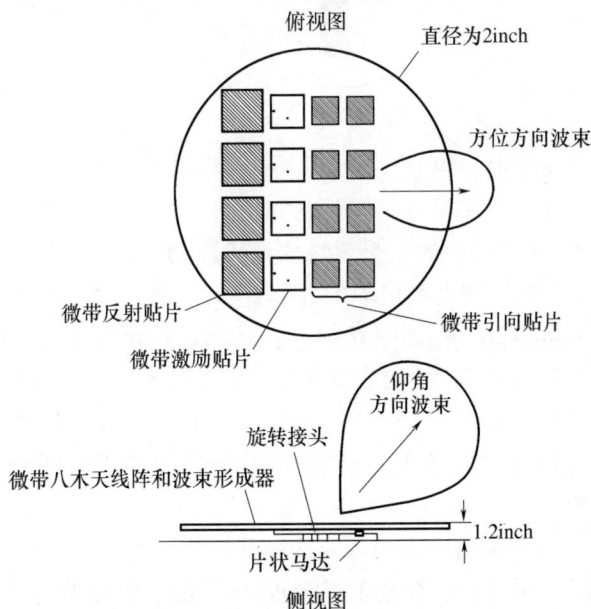

图 6 – 3 正方形贴片平面微带八木天线阵

2. 电子可控平面式微带八木天线阵

文献[150]叙述了一种由四阵元组成的平面式八木微带天线阵,如图6-4所示。每个平面式微带八木天线阵元已由美国喷气实验室的黄.J.研制出来。它的最大增益是8dB,每个微带八木天线由单个的贴片馈电,一个较大的贴片反射器(四个阵元公用)和两个较小的贴片引向器。这种天线具有单个微带贴片元的许多优点,包括正面增益和方向的提高。此外,由于有寄生贴片的作用,它们的带宽也有所增加。

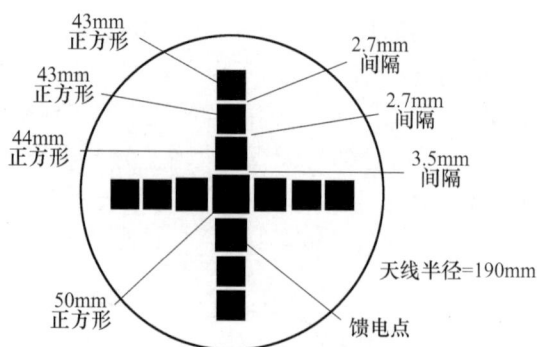

图6-4 电子可控八木微带贴片天线阵

此天线阵中的四个八木天线阵元,环绕着一个公共的反射器而分布。这个天线阵的各阵元馈电时间是电可控的,当一个天线阵元被激活时,其他的三个天线单元通过 PIN 管将它们的馈电点接地。手工切换馈电和接地的控制开关,测得天线阵的主波束与天线阵平面仰 26°角,如图6-5所示,通过控制四个八木天线阵中的两个单元开与关,可在 360°范围内达到约 10dB 的天线增益。它是 L 波段的天线阵(印制在 4.8mm 厚、玻璃纤维环氧树脂合成材料的 PCB 板上),适合于低功耗、可共形等陆地移动的通信系统。

3. 具有公共引向器的六扇区微带八木天线阵

文献[144]指出:在宽带天线通信中,由于扇形天线减小了通道衰减和干扰,因此近年来,人们开始用八木天线或缝隙天线组阵

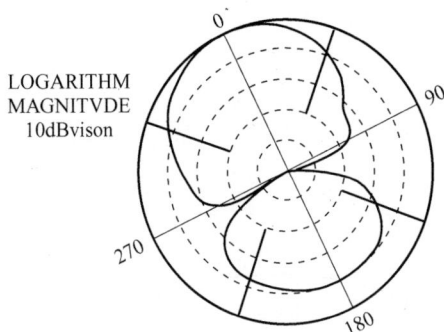

图 6-5　电子可控八木微带贴片天线阵方向图

来研究平面扇形天线,通过合理安排好八木天线阵的辐射配置,即可形成易共形的扇区天线。该文献提出一种类似的平面式微带八木天线阵结构,如图 6-6 所示。在这种天线中,各天线阵元共用一个引向器,这个引向器做成方形或六边形,被两个方向相反的八木阵共享,一个六边形的公共引向器贴片被 6 个扇区的 6 个八木天线阵元共用,它们形成三条线阵,每条线阵共用的公共引向器占用 60°中心角。在此天线中,6 个天线共用一个引向器贴片,可使整个扇形天线结构紧凑,体积减小。

由图 6-6 可见,三条天线阵的公共交叉面是中央的一块等边六边形的寄生贴片,它使各条直线截面区域为 60°(与中心角相对应)。激励贴片则是直线阵末端的两个贴片,所有的中间寄生单元贴片都比它小。当线阵中的 1 号激励单元被激励时,包含在此 1 号激励单元线阵中的 4 号激励单元,和它们之间的寄生贴片单元,就一起构成八木贴片天线,天线的主波束方向由 1 号和 4 号激励单元决定。通过选择激励控制单元,就可获得 6 种波束。激励单元具有通断两种可变状态,由 50Ω 的开关通断状态来控制激活与否,这种控制能使天线减小其它两条线阵间耦合而形成的意外激活。

这种天线结构紧凑、易共形、低损耗、携带方便,非常适合于移动通信中小的用户终端。

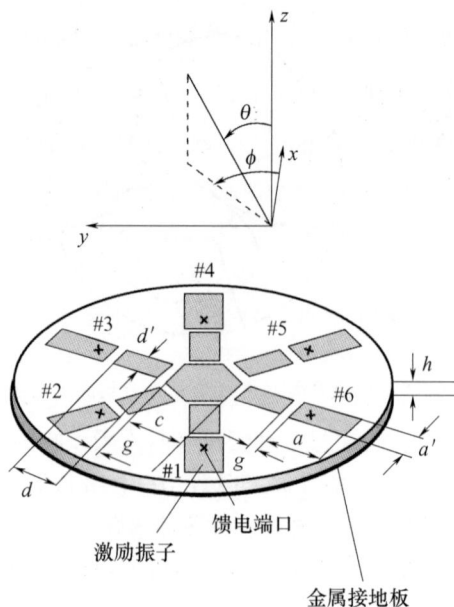

图 6-6　矩形贴片振子八木天线阵

6.2　介质埋藏准微带立体式八木天线二元阵设计与研究

根据 6.1 节的介绍,我们可以看出,平面微带八木天线阵具有以下不足之处:①主波束不能垂直于微带天线阵基片平面,这不利于某些共形装备需要与共表面垂直方向接收和发射电磁波的情形。②天线的频带宽度不够。③天线表面金属贴片裸露在外,它在某些恶劣环境中就容易损坏,因而影响天线性能。

为此,在上一章的基础上,参考他人在平面式微带八木天线阵的研究结果,开展了介质埋藏准微带立体式八木天线阵的研究,这种天线的主要特点是所有的金属贴片振子都埋藏在介质中。本节主要研究由两个介质埋藏准微带立体式八木天线阵元组成的天线阵。

6.2.1 介质埋藏准微带立体式八木天线二元阵结构

由上一章的实验和分析,我们得知:加寄生贴片式的带旁"栅栏"介质埋藏准微带立体式八木天线具有较好的性能,因此,下面将研究把两个这种结构的天线组成阵列的情形。

该阵的结构图如图 6-7 所示。以 Z 轴为界限,Z 轴的左边是一个阵元,右边是另一个阵元,每个阵元中都由一组主振子和两组寄生振子组成,图中 A 和 B 分别为两主振子组。在每一主振子组中,都含有反射振子、激励振子、引向振子 I 和引向振子 II 等贴片,在激励振子贴片的正前方有引向振子贴片 I 和引向振子贴片 II,在激励振子贴片的正后方是反射振子,在主振子组的两侧则有两组相对应的寄生振子(下文简称"栅栏"),图中主振子组 A 的栅栏为 C 和 D,"栅栏"在每一类主振子两旁都有。在制作时,将两天线阵元的各种振子都分类,再把不同类型的振子分成不同的组,同一类型的振子放在同一组内,每一组振子都安排在同一层介质的同一平面上,不同的组就在不同的平面上,将它们像做三明治一

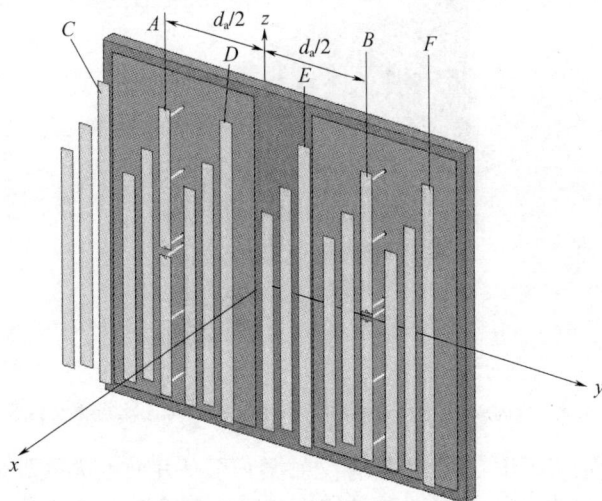

图 6-7 加旁"栅栏"介质埋藏准微带立体八木天线二元阵

151

样,严格按照对应尺寸,遵循由基片、反射振子组、基片、激励振子组、基片、引向振子Ⅰ组、基片、引向振子Ⅱ组、基片,依次沿 X 轴向上叠加,则形成了我们所谓的介质埋藏准微带立体式八木天线阵,阵中所有的振子贴片都被埋藏在介质中,图中为了观看方便,隐去了介质层(基片),所以只看到贴片。为了使反射振子的反射效果更好,我们用大面积的矩形贴片代替了长条形的反射振子。

6.2.2 介质埋藏准微带八木天线二元阵设计

介质埋藏准微带贴片八木天线二元阵的具体设计方法步骤如下:

反射振子组:将两个原介质埋藏准微带立体式八木天线的反射振子(实际上是反射面),设计在同一介质板(基片)U 上,如图 6－8 所示。图中阴影部分为反射振子贴片,贴片边缘与基片边缘之间的间距规定同原介质埋藏准微带立体式八木天线,这里注意,基片的另一面无敷金属片。

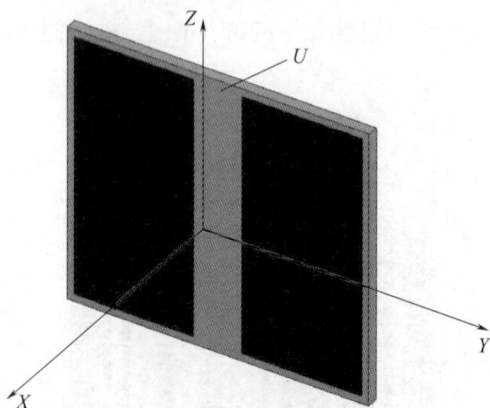

图 6－8 介质埋藏准微带立体式八木天线二元阵反射振子组设计

激励振子组:在上述具有反射振子组贴片面上无缝隙地覆盖一层与基片材料、形状和尺寸完全相同的介质板 V,在此介质板上设计激励振子组及其"栅栏"组,如图 6－9 所示。图中阴影部分

为激励振子组和"栅栏"组贴片。注意,此介质板的厚度即为八木
天线的振子间距(同上一章的八木天线)。

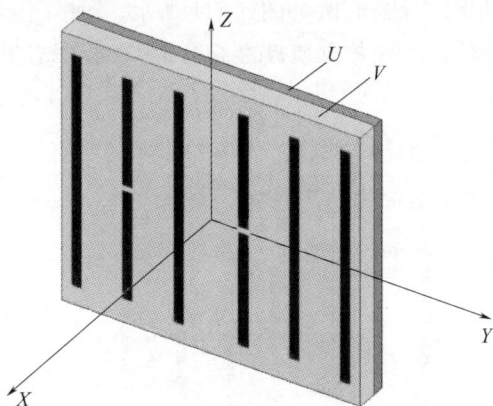

图6-9 介质埋藏准微带立体式八木天线二元阵激励振子组设计

引向振子Ⅰ组:在上述具有激励振子组贴片面上无缝隙地覆
盖一层与基片材料、形状和尺寸完全相同的介质板W,在此介质
板上设计引向振子Ⅰ组及其"栅栏"组,如图6-10所示。图中阴
影部分为引向振子Ⅰ组和"栅栏"组贴片,介质板的厚度即为八木
天线的振子间距。

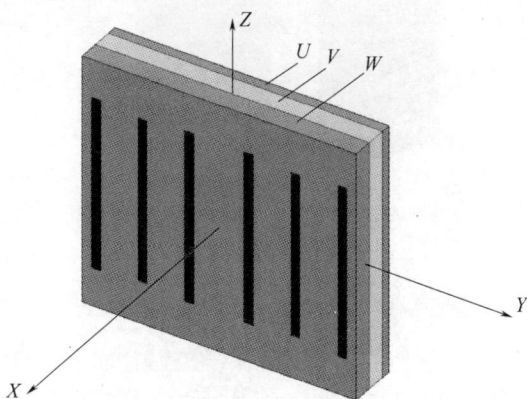

图6-10 介质埋藏准微带立体式八木天线二元阵引向振子Ⅰ组设计

引向振子II组:在上述具有引向振子I组贴片面上无缝隙地覆盖一层与基片材料、形状和尺寸完全相同的介质板 X,在此介质板上设计引向振子II组及其"栅栏"组,如图 6-11 所示。图中阴影部分为引向振子II组和"栅栏"组贴片,介质板的厚度即为八木天线的振子间距。

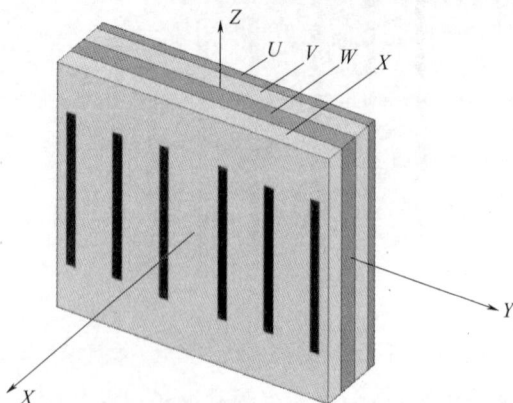

图 6-11　介质埋藏准微带立体式八木天线二元阵引向振子Ⅱ组设计

天线介质覆盖顶层:在上述具有引向振子Ⅱ组贴片面上无缝隙地覆盖一层与基片材料、形状和尺寸完全相同的介质板 Y,如图 6-12 所示,介质板的厚度同上一章的八木天线。

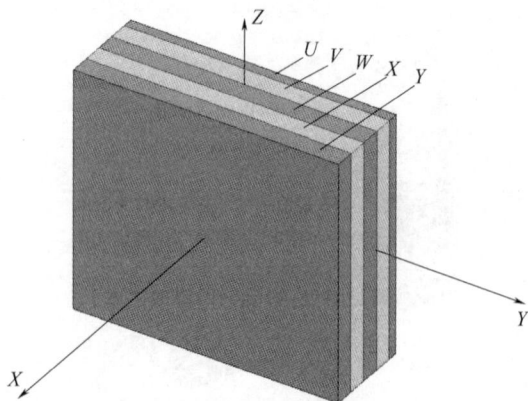

图 6-12　介质埋藏准微带立体式八木天线二元阵介质覆盖顶层设计

154

上述由两个八木天线单元构成的天线阵,在结构上,我们没有打乱原实验出来的八木天线结构,只是将它们并列在一起,通过同轴线同相并联馈电,这种结构有两种形式:一种是左右并排,还有一种是上下排列。从外观上讲,没有任何区别,但从内部结构看,却有很大的区别。本书着重研究了左右并排结构。这种结构布阵,天线的性能受阵元之间间距影响比较大。

6.2.3 天线阵元相邻间距变化对天线阵性能的影响分析

1. 天线阵性能随天线阵元相邻间距变化曲线及实物测试结果

在图 6 - 7 中,设天线阵元的主振子组贴片中心与 Z 轴的间距为 $d_a/2$。本书只讨论两阵元的左右间距变化对天线阵性能的影响。将激励振子长度 $2l_{yr}$ 固定不变,令 d_a 从 $\frac{\lambda_r}{2}$ 开始,依次增大,得出的特性曲线如图 6 - 13(a) ~ (c)所示。由图 6 - 13(a)可看出,天线阵的频率随间距的增大而增大,但当 d_a 增大到 58mm,即 $0.973\lambda_r$ 时,谐振频率的增加开始饱和,变化不太明显。图(b)中,可以看出,天线阵的增益是随阵元间距的增大而增大,但超过 $0.973\lambda_r$ 后,变化正好相反。图(c)所示,带宽开始几乎是与间距成线性变化,但当增大到 $0.973\lambda_r$ 时有一个拐点。

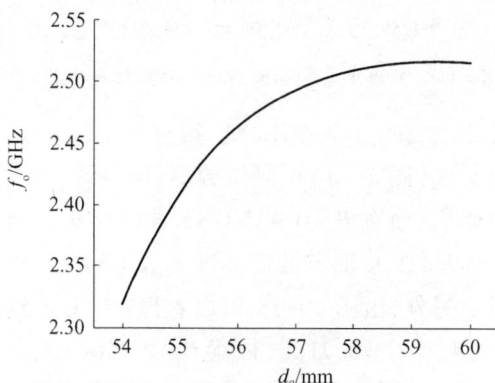

(a) 天线阵单元相邻间距变化与线阵谐振频率关系系统曲线

155

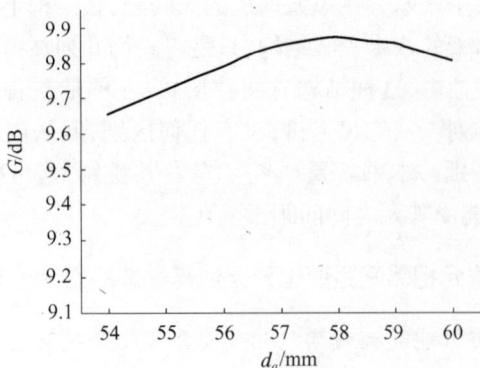

(b) 天线阵单元相邻间距变化与线阵增益关系曲线

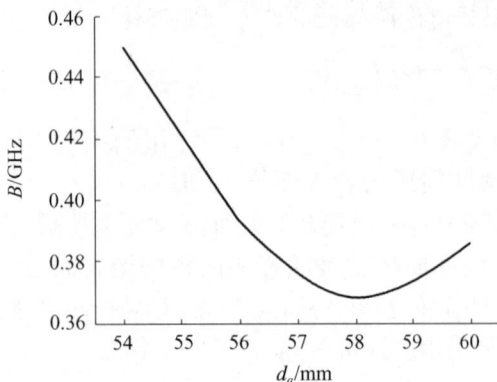

(c) 天线阵单元相邻间距变化与线阵带宽关系曲线

图 6 – 13 天线单元相邻间距变化与线阵性能关系

根据设计要求,在 $f_o = 2.4\text{GHz}$ 处,得到 $d_a = 54.8\text{mm}$。于是做成实物二元阵天线(图 6 – 14),测试数据:增益 $G = 9.70\text{dB}$,谐振频率 $f_o = 2.403\text{GHz}$,带宽 $B = 0.423\ \text{GHz}$,驻波比 $\rho = 1.11$,输入阻抗的实部 $\text{Re} = 49.4\Omega$,E 面的波瓣宽度 $\theta_{0.5E} = 54.9°$,可见与仿真结果较为接近。另外,由图 6 – 13 可以看出:当 $d_a = 54.8\text{mm}$ 时,$f_o = 2.4\text{GHz}$ 时,增益 $G = 9.71\text{dB}$,带宽 $B = 0.426\text{GHz}$,与仿真结果基本吻合。又将它与单个阵元比,其增益几乎与单个阵元(增益 $G = 9.737\text{dB}$)的差不多,但带宽明显加宽(单个阵元带宽 $B =$

156

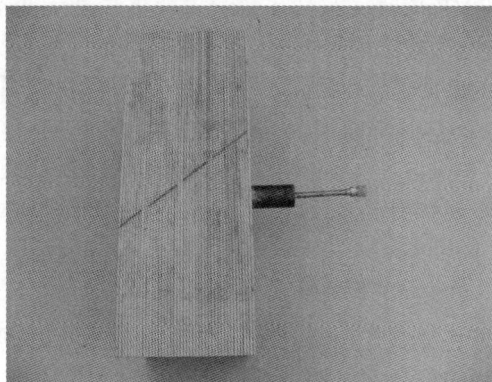

图 6 – 14 介质埋藏准微带立体式八木天线二元阵实物照

0.261GHz),波瓣宽度有所变窄。

2. 性能变化分析与解释

出现上述现象原因分析如下:

1) d_a 对天线阵 f_0 的影响

激励源各振子在新的结构中,又形成了新的谐振腔,而且谐振腔的结构也发生了变化,或者说它们的关联 RLC 谐振电路中的 L 和 C 都发生了某种程度的变化,而导致天线的谐振频率发生变化。

当两八木阵元间距 d_a 增大时,即阵元之间的间隔拉开,天线阵形成的总电容就减小($C = \dfrac{\varepsilon S}{4\pi kd}$),我们知道,微带天线是谐振式天线,而谐振电路中的谐振频率与 C 成反比($f_0 = \dfrac{1}{2\pi\sqrt{LC}}$),因此谐振频率增加,这一点实验结果与理论是相吻合的。

2) d_a 对天线阵增益 G 的影响

由于研究的是介质埋藏天线,因此它的 $\varepsilon_e \approx \varepsilon_r$,则有 $\lambda_r = \dfrac{\lambda_0}{\sqrt{\varepsilon_r}} =$ 59.59mm(设计要求是 $f_0 = 2.4$GHz)。而我们知道,空气中的八木天线是端射式天线,在端射天线的最大辐射方向会出现慢波类型

的表面波,由于我们的三明治式微带天线也是基于八木天线原理而研制出来的,因此它也是端射式天线,在其最大辐射方向也会出现慢波类型的表面波,出现波长缩短效应,即实际工作波长 λ 要比理论计算的 λ_r 小,因此当 $d_a = 0.973\lambda_r$,即 58mm 时,就有可能是 d_a 与实际工作波长 λ 相等,从电磁波的能量迭加原理看,此时两阵元在空中的辐射场是同相迭加的,从而导致此种情况下的天线增益最大,因此图 6 – 13(b)中的实验结果是合理的。

3) d_a 对天线阵带宽 BW 的影响

(1) 如果将每个阵元等效成一个整体贴片的话,则此二元阵就相当于由两个贴片构成的天线阵,根据微带天线空腔模型理论,则天线阵可等效成一个合成谐振腔,这个腔的 Q 值是随着 d_a 的增加而增加的,从而使带宽 B 随 d_a 的增加而下降。(2)随着 d_a 的增加,导致了整个天线阵的合成等效贴片宽度 b 增加,从而使带宽 B 随 d_a 的增加而下降。

6.2.4　提高天线性能的改进措施

(1) 在进行同轴线馈电研究时,发现在距馈电点上下一定的距离,再插入两铜线(与同轴线内导体半径相同),带宽也稍微变宽,中心频率变化不大,但方向图却变得很好,特别是尾瓣大大变小。

(2) 由 G – d_a 曲线可见,组成阵后,G 反而减小了,这说明需要进一步改进。因为方向图中,其尾瓣太大,说明背向辐射太强。于是,我们还将两阵元的反射面连成一片,(原来是分开的),让中间无空隙,效果比较明显。

(3) 我们又在天线的反面增加了一块贴片,该贴片与各阵元的尺寸一样。经过仿真及实物测试表明,其 G 明显提高,但带宽有所变窄,中心频率也略有提高。

6.3　介质埋藏准微带立体式八木天线四元阵设计与研究

上一节中研究了介质埋藏准微带立体式八木天线二元阵的设

计和性能,可见其与单个天线比,虽然带宽增加了,但增益却没有增加。为此,本节将进行介质埋藏准微带立体式八木天线四元阵的设计及其性能研究。

6.3.1 四元阵的设计

上一节是介质埋藏准微带立体式八木天线左右排列的二元阵设计及其性能研究,本节则研究由四个介质埋藏准微带立体式八木天线阵元左右排列成一线的四元阵的设计及其性能,其设计类似于二元阵的方法,不再重复,其结构如图 6 – 15 所示。

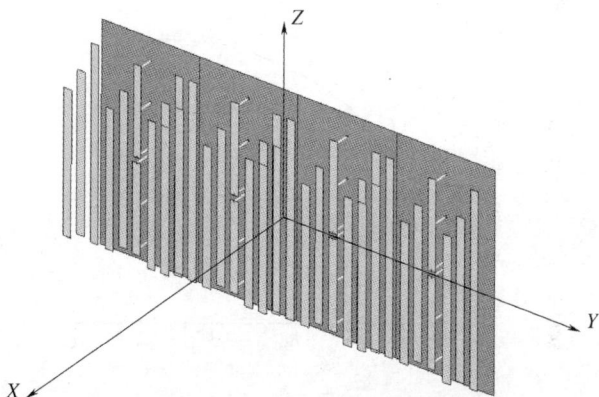

图 6 – 15　四单元线阵天线结构图

我们还是假定每一阵元之间的间距为 d_a,并且每两个阵元之间的间距都相等。将半波阵子竖立在 xoy 平面,即与 z 轴平行,且安排 z 轴左右各两个天线阵元,与 z 轴间距相等,即 $\dfrac{d_a}{2}$。

6.3.2 仿真与测试结果分析

这里,先用 HFSS 仿真计算,注意当改变 d_a 时,是四个阵元之间的间距同在变化,其性能如图 6 – 16 所示。从图中可以看出,相邻阵元间隔变化对四元阵性能的影响与二元阵类似,仍然具备二元阵的一些基本性质:当阵元的间距 d_a 在 λ_r 附近变化时,四元阵的性能受影响比较明显,另外四元阵的增益与二元阵相比提高较多,最高可达到 13.109dB,带宽也有明显的提高,最大可达到 0.56GHz,当然,这也同二元阵一样,不是在谐振频率 $f_o = 2.4$GHz 附近的性能。

然后再在 $f_o = 2.4$GHz 处,得到对应的 $d_a = 53.4$mm 时,制作的实物四元阵天线,其测试数据为:增益 $G = 12.47$dB,谐振频率 $f_o = 2.402$GHz,带宽 $B = 0.535$ GHz,驻波比 $\rho = 1.09$,输入阻抗的实部 $Re = 48.2\Omega$,E 面的波瓣宽度 $\theta_{0.5E} = 53.7°$,从图 6-16 性能曲线比较可见,其与仿真结果较为接近。同时还可看出,其性能明显优于二元阵。

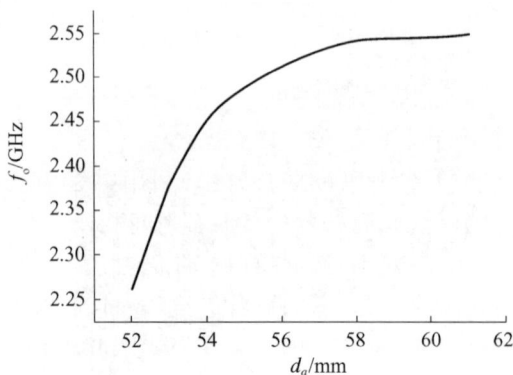

(a) 天线单元相邻间距变化与四元线阵谐振频率关系曲线

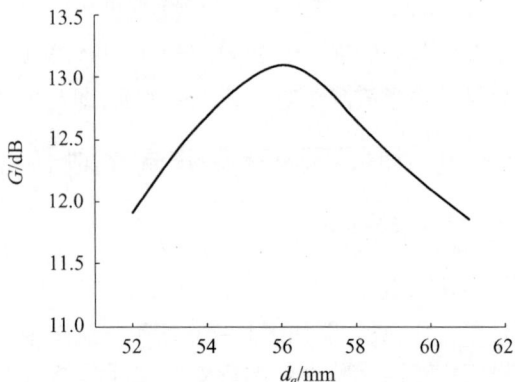

(b) 天线单元相邻间距变化与四元线阵增益关系曲线

160

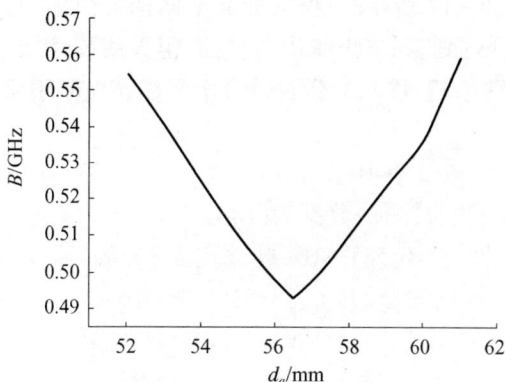

(c) 天线单元相邻间距变化与四元线阵带宽关系曲线

图 6 - 16   天线单元相邻间距变化与四元线阵性能关系曲线

从以上的性能结果,我们可以看出:

(1)把整个天线阵埋藏在介质中,利用空气中八木天线阵的分析理论来分析,此时,八木天线阵之间相距一个波长(λ_r)时,电磁波能量在远区迭加的原理仍然适用,这里 $\lambda_r =$ 59.59mm,而我们的仿真实验中,当 $d_a = 56$mm 时,天线阵总增益达到最大 $G = 13.109$dB(阵元的增益 $G = 9.737$dB),但这里的最大增益不是在 $f_o = 2.4$GHz 处。

(2)天线阵元的两旁"栅栏"不仅影响着带宽(微带贴片单元理论和技术),而且还对方向图产生影响,它们在这里起着反射、阻隔电磁波的作用。从而保证每一个阵元的电磁波能量在空气中相互迭加,而不在介质内相互干扰。

(3)该类天线可减小天线的辐射方向和横向的尺寸(与空气中圆杆八木天线相比,在上一章第四节中已阐述),由这两个方向可以看出,介质埋藏天线阵比空气中的八木天线阵薄,但比同阵元的微带贴片八木天线阵要厚。

6.3.3   四元阵结构的改进

另外,还将每两个天线阵之间的栅栏去掉一组,使两阵共用一

161

组栅栏,如图 6 - 17 所示。这样,看起来结构要简单一点,可以缩小横向尺寸,从而达到减小体积的目的,但天线阵性能稍有下降,最高总增益只有 12.189dB,带宽也有所变窄,$B = 0.5032$GHz。

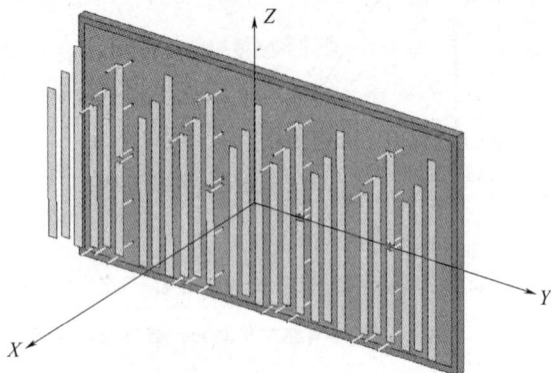

图 6 - 17   每元去掉一边栅栏的四单元线阵天线结构

6.4   基片介电常数的变化引起介质埋藏准微带天线设计误差分析

由以上的多次实验和仿真研究,我们可以看出设计值不一定能完全和测量值相吻合,造成这种现象的原因很多,如接地板的大小,介质基片性质的容许偏差以及制造误差等。下面将研究一些误差的来源及对谐振频率的影响。

天线加工时,尺寸的微小变化将引起有效电尺寸的偏差,基片材料相对介电常数的变化或基片厚度的不均匀也都能引起设计的谐振频率和实际的谐振频率之间的偏差。由于这种天线的带宽较窄,所以,这种偏差特别重要。本节将研究制造不准确和基片生产公差对谐振频率的影响。

基片厚度和介电常数的生产公差将改变谐振频率的大小,低介电常数($2.1 < \varepsilon_r < 2.6$)的基片,如聚烯烃(Polyolefin)、聚苯乙烯(Polystyrene)、rexolite 等,其典型的生产公差值:介电常数

±1%,基片厚度±5%。较高介电常数的基片,如陶瓷,其典型的生产公差值:介电常数±2%,基片厚度±4%,本项目所选用的介电常数为4.4,因此在本设计中,我们是按后者计及各类误差的。

大多数制造误差是由于蚀刻不精确而引起。蚀刻的精度既依赖于工艺方法,也依赖于在光刻工艺过程中所使用的材料。基片的特性,如表面粗糙度和金属敷层厚度也影响着蚀刻的精度。一般公认,如没有特别措施,光刻精度等于金属敷层厚度 t。由于微带天线的带宽较窄,所以,研究由于上述因素而引起的谐振频率变化就十分重要和有意义。对于矩形(或方形)贴片天线,其最低阶谐振频率为

$$f_{\mathrm{r}} = \frac{c}{2(L + 2\Delta L)\sqrt{\varepsilon_{\mathrm{e}}}} \qquad (6.4.1)$$

谐振频率的一阶改变可由误差分析得到,即

$$|\Delta f_{\mathrm{r}}| = \left[\left(\frac{\partial f_{\mathrm{r}}}{\partial L}\Delta L\right)^2 + \left(\frac{\partial f_{\mathrm{r}}}{\partial \varepsilon_{\mathrm{e}}}\Delta \varepsilon_{\mathrm{e}}\right)^2\right]^{1/2} \qquad (6.4.2)$$

式中,$\Delta \varepsilon_{\mathrm{e}}$ 由于贴片的制造误差所引起的相对等效介电常数的变化为

$$\Delta \varepsilon_{\mathrm{e}} = \left[\left(\frac{\partial \varepsilon_{\mathrm{e}}}{\partial W}\Delta W\right)^2 + \left(\frac{\partial \varepsilon_{\mathrm{e}}}{\partial h}\Delta h\right)^2 + \left(\frac{\partial \varepsilon_{\mathrm{e}}}{\partial \varepsilon_{\mathrm{r}}}\Delta \varepsilon_{\mathrm{r}}\right)^2 + \left(\frac{\partial \varepsilon_{\mathrm{e}}}{\partial t}\Delta t\right)^2\right]^{1/2}$$

$$(6.4.3)$$

式中,ΔW、Δh、Δt、$\Delta \varepsilon_{\mathrm{r}}$ 和 ΔL 为微带天线的制造误差。由式(6.4.1)~式(6.4.3)可得

$$\frac{|\Delta f_{\mathrm{r}}|}{f_{\mathrm{r}}} = \left[\begin{array}{l}\left(\dfrac{\Delta L}{L}\right)^2 + \left(\dfrac{0.5}{\varepsilon_{\mathrm{e}}}\right)^2\left\{\left(\dfrac{\partial \varepsilon_{\mathrm{e}}}{\varepsilon W}\Delta W\right)^2 + \left(\dfrac{\partial \varepsilon_{\mathrm{e}}}{\partial h}\Delta h\right)^2 + \\ \left(\dfrac{\partial \varepsilon_{\mathrm{e}}}{\partial \varepsilon_{\mathrm{r}}}\Delta \varepsilon_{\mathrm{r}}\right)^2 + \left(\dfrac{\partial \varepsilon_{\mathrm{e}}}{\partial t}\Delta t\right)^2\right\}\end{array}\right]^{1/2}$$

对于微带天线,$W/h \gg 1$,并且 W 的误差与金属敷层厚度 t 同量级。因此,$(\partial \varepsilon_{\mathrm{e}}/\partial W)\Delta W$ 可忽略,另外,微带厚度对 ε_{e} 的影响也很小,因此,上式可写为

$$\frac{|\Delta f_r|}{f_r} = \left[\left(\frac{\Delta L}{L}\right)^2 + \left(\frac{0.5}{\varepsilon_e}\right)^2 \left\{\left(\frac{\partial \varepsilon_e}{\varepsilon h}\Delta h\right)^2 + \left(\frac{\partial \varepsilon_e}{\partial \varepsilon_r}\Delta \varepsilon_r\right)^2\right\}\right]^{1/2}$$

$$(6.4.4)$$

在微带天线的制造中,长度公差 ΔL 约等于 $2\Delta W$。如果知道了由制造公差所引起的不准确,则事先就可用式(6.4.4)求出公差对谐振频率的影响。在此情况下

$$\frac{\partial \varepsilon_e}{\partial \varepsilon_r} = 0.5\left[1 + \left(\frac{12h}{W}\right)^{-1/2}\right] \qquad (6.4.5)$$

$$\frac{\partial \varepsilon_e}{\partial h} = -(\varepsilon_r - 1)\left[\frac{3}{W}\left(1 + \frac{12h}{W}\right)^{-3/2}\right] \qquad (6.4.6)$$

可以说,在低介电常数基片的微带天线中,影响谐振频率的关键参数是天线长度的公差 ΔL,因此,在光刻中应给予特别注意。在用高介电常数的基片($\varepsilon_r > 3.0$),如陶瓷时,介电常数 ε_r 是影响谐振频率的关键参数。因此,在挑选所用材料时,应规定公差限度的最低值,在对理论预计和实测结果的比较中,由公差和制造限度所引起的谐振频率改变的百分数是极其重要的,它可以很好地说明在许多情形中观察到的偏移。

第七章 介质埋藏准微带天线
研究工作展望

　　道路是曲折的,前途是光明的。美好的前景给人以信心和动力。

　　俗话说,万事开头难,我们能在别人没有研究的方向进行尝试性的研究工作,确实走过不少弯路,经历了不少失败的教训,当然也得到了许多有益的经验。无论如何,经过三年多的艰苦摸索实践工作,终于取得了预期的效果,能够在介质埋藏准微带振子天线研究、介质埋藏准微带立体式八木天线研究、介质埋藏准微带立体式八木天线二元阵与四元阵研究等方面取得初步的成果,作出了初步的理论分析,并创造性地进行了机理分析研究。但由于作者数学基础和时间等原因,对于介质埋藏准微带天线所出现的某些新现象、新问题,只能借鉴微带天线研究,还没有找到更新的解释或算法。因此,在今后的工作中,我们还将在此基础上,进一步作新结构、新理论的探讨,寻找和优化算法,希望能够弥补现在的缺憾。

7.1 研究工作设想

7.1.1 增加介质埋藏准微带立体式八木天线阵阵元数及工作机理研究

　　目前,我们已经研究了介质埋藏准微带立体式八木天线四元阵,虽然可以达到一定的实用价值,但为了能形成新式的相控阵等大型介质埋藏单板天线,我们还需要进一步研究几十个阵元,甚至上百个阵元,提高天线的增益,提高它的实用性。我们今后的工作还要在已申请成功的国防重点项目中继续研究。

目前已研究出来的理论模型算法等都是借鉴微带天线的,它们不完全适合介质埋藏天线,即使是有些针对微带天线本身理论、模型等也各有缺陷,需要研究完善。因此,今后的工作中需要开展介质埋藏天线理论及算法探讨,特别是电磁波在嵌有导体的介质中传播,在界面上的反射、折射等新模型建立及数值计算等。

7.1.2 开展介质埋藏准微带立体式八木天线的相控阵化研究

由于有源微带天线有如下优点:体积小、重量轻、易与其他方面体共形、制造方便和造价低等,还可利用有源微波电路提高天线的性能(如宽频带、高增益和低噪声等),并能实现各种复杂的功能,如波束扫描、极化捷变和频率捷变等,使得它广泛应用于天线通信、预警雷达、车辆识别系统和微波能量传输等方面。因此,近年来它一直是人们研究的焦点。

有了以上研究基础后,我们可以进行相位控制、辐射方向控制等的相控阵天线的研究,并借鉴有源微带天线设计技术和经验,开展有源相控阵的研究,开展与其它微波器件(移相器、低噪声放大器、高功率放大器、混频器、检波器和倍频器等)的共形集成研究,为提高天线的可靠性,减小天线体积做一些有益的贡献。

7.1.3 进行介质埋藏准微带立体式八木天线阵智能化控制的研究

随着科学技术的不断发展,通信技术也日新月异,而通信技术的发展,又加剧了无线电频率资源的紧张程度,导致了许多系统的容量受到了限制,故而,现在人们把空域处理看作无线容量争夺战中的最重要的阵地。这已成为第三代移动通信技术实现的关键技术之一,因此人们越来越重视天线智能化技术的开发。因为智能天线能根据接收到的信号方向,自动地调整天线的方向图,跟踪有用的信号,减少或消除干扰信号,以提高信噪比,增加通信系统容量,提高其频谱的利用率,降低信号发射功率,提高通信的覆盖范围等等,以达到提高通信系统的综合性能的目的,加之目前研究制作智能天线的各项技术均已成熟,而且我们研究的介质埋藏准微带立体式八木天线具有易共形、易集成等特点,都充分说明研究智能化的介质埋藏天线技术已成熟。因此,下一步工作计划将进行这方面的研究。

在研究智能化的介质埋藏天线时,也可分步走:首先,研究相控阵天线的自适应波束控制、自适应旁瓣对消、自适应滤波和杂波抑制等,以形成智能化的相控介质埋藏准微带立体式八木天线相控阵。其次,研究空间频谱估计,以及开发出适合于移动通信系统的小型化智能天线。

7.1.4 开展新类型天线埋藏于介质中的研究

首先可以开展环形贴片和圆形贴片的介质埋藏式天线的研究,特别是环形贴片式的介质埋藏天线,已经做了一定的工作,曾经试图用环形代替旁"栅栏"进行研究,由于时间关系,这部分工作没有坚持下来。比如,还考虑到用圆形贴片作立体式八木天线引向振子,做成靶式八木天线等。这种研究由于源振子的形状选择问题而暂时搁置了。

其次,我们还可以考虑研究介质埋藏旋转场天线,我们可以先研究两"十"字交叉贴片,用90°相差的激励源馈电,来探索埋藏介质的厚度,再利用三明治式迭加天线的宽带特点,也将旋转场进行三明治式迭加形成阵天线,从每层介质按半波长来迭加研究起,寻找出最佳迭加介质层厚度等。

7.2　前景展望

介质埋藏准微带天线,除了具有微带天线的优点外,还具有许多特点,比如频带宽、减小体积、天线的隐蔽性好、不受恶劣气候侵害等,使其开发应用的前景更美好、更诱人。

7.2.1 集成和共形

我们知道,微带天线集成的最明显成果是微带有源天线。而我们研究的介质埋藏微带贴片天线是建立在微带天线的基础之上的,所以也具有集成性好的特点,比如将埋藏辐射单元与微波电路(如移相器、放大器、混频器、检波器等)进行集成,形成新型的有源介质埋藏天线,它集天线的辐射功能与微波电路的信号处理等功能于一体,具有体积小、重量轻、易与其它载体共形、同时又能完成微波电路的大部分功能,因此,其利用前景是非常好的。

此外,由于它具有良好的集成性,也可用于近年来研究比较热门的准大功率合成技术中,还可用在近年来开展的通信和雷达技术中的频率复用或极化分集等技术研究中。正是由于它的良好的集成性和共形性,也可用于相控阵天线中。

最后,它的另一重要用途是可制作全向共形阵,可广泛用来与导弹、飞机、坦克、汽车等表面共形。

7.2.2 减小体积的相控阵

微带天线的问世,使得天线由传统三维结构变成了二维结构,实现了一维小型化,表 7 – 1 列出了几种小型微带天线减小天线尺寸的特性等[151],这为它快速走向通信事业起到了关键作用。由前文的实验结果和理论分析,介质埋藏天线(非立体式的)则比微带天线的体积更小。因此,这将是介质埋藏天线应用前景广阔的又一诱因。

表 7 – 1   小型微带天线减小天线尺寸的特性

天　线	减　小　程　度	工作频率要求
A	67%	1.66GHz
B	61%	1.90GHz
C	78%	1.93GHz

天　线	减小程度	工作频率要求
D	63%	0.71GHz
E	51%	1.18GHz

注:A:口径耦合高介电常数贴片天线;
　　B:采用短路探针圆形微带贴片天线(介质为泡沫);
　　C:采用短路探针三角形微带贴片天线;
　　D:电阻加载矩形微带贴片天线;
　　E:开槽微带贴片天线

用矩形微带贴片作辐射元的全固态相控阵已用于卫星系统中形成多波束,它与采用反射面或透镜相比,具有剖面薄、方便使用有源固态件、可靠性高、全波束共用口径、漏溢小、无慧形像差、波束间隔易控制、邻波束相交电平高等优点。已经形成了相扫微带天线阵和频扫微带天线阵。这些特点和应用也是介质埋藏微带贴片天线所具有的。

7.2.3　低成本的卫星地面接收天线

利用矩形微带贴片作辐射元的世界上第一个全固态相控阵已用于 SHF SATLOM 卫星系统中,由方形微带贴片组成的 C 频段相控阵也首次用于星载地面成像系统中。这些微带相控阵与传统的相控阵天线相比,成本低廉、可靠性高,大有被微带贴片相控阵天线完全替代之趋势。

由于卫星等转播通信技术的发展,加之人们对文化娱乐特别是体育赛事等的电视、广播节目要求越来越高,因此卫星转播信号直接走近千家万户,已成为发展趋势,而在这里充当重要接收任务的部件之一——天线,将会获得大量的发展和广泛的应用。目前,这种天线基本都是面天线,这种面天线具有成本高、体积大、而且与现代建筑不共形等缺点。而这些缺点用微带天线阵特别是介质埋藏天线阵都能很好地克服。特别值得指出的是,微带天线阵良好的性价比,将是走进千家万户更好的敲门砖。

7.2.4 隐蔽性和防环境侵害性

由于介质埋藏微带贴片天线是平板式,因此,它可以与许多平面式的仪器、装备、建筑等共形,使其具有非常良好的隐蔽性,这特别是在军事上更为重要。

另外,介质埋藏微带贴片天线是用介质将金属贴片埋藏在其内的,保护了金属片不受恶劣环境等的腐蚀性侵害,而且这种天线有利于作恶劣环境中的监测、探视传感器。鉴于以上分析的介质埋藏微带贴片天线的特点及广泛的用途,我们完全有信心断言,这种天线具有非常广阔的前景。

参 考 文 献

［1］ 王增和,卢春兰等. 天线与电波传播. 北京:机械工业出版社,2003.

［2］ Balanis C A. Antenna Theory:Analysis and design. New york:Wiley,1982.

［3］ 李绪益. 电磁场与微波技术(下). 广州:华南理工大学出版社,2004.

［4］ I J 鲍尔,P 本哈蒂亚. 微带天线. 梁联倬,寇延耀,译. 北京:电子工业出版社,1984.

［5］ Zaabab A H,Zhang O J,Nakhla M. Anlysis and optimization of microwave circuits and devices using neutral network models. IEEE MTT-S,Symp,1994.

［6］ Delabie C,Villegas M,Picon O. Creation of new shapes for resonant microstrip structures by means of genetivalgorithms. Electron lett,1997.

［7］ Steinberg B Z,Leviatan Y. On he use of wavelet expansion in the method of moments IEEE Trans,1993.

［8］ 闫润卿,李英惠. 微波技术基础(第二版). 北京:北京理工大学出版社,1997.

［9］ 钟顺时. 微带天线与应用. 西安:西安电子科技大学出版社,1991.

［10］ Y T Lo,S M Wright and M Davidovitz Microstrip Antennas. in K. Chang ed. ,Handbook of Microwave and Optical Components,J. Wileys. 1989.

［11］ De Aza M A G,et al. Full-wave analysis of cavity-backed and probe-fed microstrip patch arrays by a hybrid mode-matching generalized scattering matrix and finite-element method. IEEE Trans,1998.

［12］ Shum S M,Luk K M. FDTD analysis of probe-fed cylindrical dielectric resonator antenna. IEEE Trans,1998.

［13］ Towe J M,Rebollar J M. Generalized S-matrix calculation of waveguide discontinuies with tansmission line matrix method:application to 2-D geometries. Microw Opt Technol Lett,1997.

［14］ Chew W C,et al. Fast solution methods in electromagnetics. IEEE Trans,1997.

［15］ Zaabab A H,Zhang Q. J. ,Nakhla M. Analysis and optimization of microwave circuits and devices using neutral network models. IEEE MTT-S Symp Dig,1994.

［16］ Delabie C,Villegas M,Picon O. Creation or new shapes for resonant microstip structures by means of genetic algorithms. Electron Lett,1997.

［17］ Steinberg B Z,Leviatan Y. On the sue of wavelet expansion in the method of moments. IEEE Trans,1993.

［18］ Deschamps G A. Microstrip microwave antennas. 3rd USAF Symp. Antennas,1953.

[19] Thuis R W, Printed Circuit Antennas for Radar Altimeter. IEEE AP-S Int. Symp. DIdest, 1976.

[20] Murphy L R, SEASAT abd SIR-A Microstrip Antennas Proc Workshop on Printed Circuit Antennas Technology. N Mexico StateUniv. , Las Cruces, 1979.

[21] James J R, P S Hall. Microstrip Antennas and Arrays Pt. 2 – New Array Design Technique. IEE J Microwaves, 1977.

[22] Williams, J C. Cross Fed printed Aerials 7th European Microwave Conf. , 1977.

[23] Josefsson L, L Moeschlin, T Svensson. A stripline Flat Plate Antenna With Low Sidelobes. IEEE AP-S Int. Symp. Digest, 1974.

[24] Collier, M. Microstrip Antenna Array for 12 GHz TV. Microwave J, 1977.

[25] Sanford G, L Klein. Development and Test of a Conformal Microstrip Airborne Phased Array for Use with the ATS – 6 Satellite. IEE Int Conf on Antennas for Aircraft and Spacecraft, 1975.

[26] Hansen R C. Microwave Scanning Antennas. Academic Pess, N Y, 1966.

[27] Danielsen M, R Jorgensen. Frequency Scanning Microstrip Antennas. IEEE Trans On Antennas and Prpagation, 1979.

[28] R E Munson, Microstrip Antenna, Antenna Engineering Handbook, 1984.

[29] I Jayakumar, et al. A Conformal Cylindrical Microstrip Array for Producing Omnidiredtional Radiation Pattern. ibid, 1986.

[30] G V Colby, J C Bryanos. Microstrip Brings Radar to Hostile Environments. Microwaves & RF, 1985.

[31] Lindmark B, et al. Dual-polarization array for signal processing applications in wireless communications. IEEE Trans, 1998.

[32] Brachat P, Baracco J M. Dual-polarization slot-coupled printed antennas fed by strioline, IEEE Trans, 1995.

[33] Murakami Y, Chiba J, Karasawa Y. Slot-coupled self-diplexing array antenna for mobile satellite communications, IEE Proc H, 1996.

[34] Derneryd A G. Linearly polarized microstrip antenna. IEEE Trans, 1976.

[35] Adrian A, Schaubert D H. Dual aperpure-coupled microstrip antenna for dual or circular polarization. Electron. Lett, 1987.

[36] Dauguet S, et al. Microstrip antenna with polarization switching. Microw. Opt. Technol. Lett, 1994.

[37] Zhong S S, et al. Polarization-agile microstrip antenna with phase shifters. JINA/Int. Symp. Antennas, Nice, France, 1998.

[38] 钟顺时. 有源微带天线的研究. 国家自然科学基金资助项目研究计划, 批准号 69671012, 1996.

[39] Lin J, Itoh T. Active integrated antennas. IEEE Trans, 1994.

[40] Itoh T. Active integrated antennas for wireless applications APMC'97 Proc., Hongkong, 1997.

[41] Qian Y, Itoh T. Progree in active integrated antennas and their applications. IEEE trans, 1998.

[42] 张家宗,洪伟. 有源微带天线阵列饿实验研究. 电波科学学报,1995.

[43] Chen C. H, Murch R D, Luk K M. Antenna research for PCS in hong kong. IEEE AP-S Int Symp Dig, 1999.

[44] Mittra R, Dey S. Challenges in PCS antenna design. IEEE AP-S Int Symp Dig, 1999.

[45] Staub O, et al. PCS antenna design: the challenge of miniaturization. IEEE AP-S Int Symp Dig, 1999.

[46] Skrivervik A K, et al. PCS antenna design: the challenge of miniaturization. IEEE Antennas and Propagation Magazine, 2001.

[47] Kabacik P. Investigations into advanced concepts of terminal and base-station antennas. IEEE Antennas and Propagation Magazine, 2001.

[48] Lo T K, et al. Miniature aperture-coupled microstrip antenna of very high permittivity. Electronics Letters, 1997.

[49] Hoorfar A, Perrotta A, An experimental study of microstrip antennas on very high permittivity ceramic substrates and very small ground planes. IEEE Trans. On Antennas and propagation, 2001.

[50] 刘学观,郭辉萍. 微波技术与天线. 西安:西安电子科技大学出版社,2001.

[51] [美]John D. Kraus, Ronald J. 天线(下). [译]章文勋. 北京:电子工业出版社,2005.

[52] 王朴中,石长生. 天线原理. 北京:清华大学出版社,1993.

[53] 刘刚,叶春飞,钟顺时. N 层介质覆盖矩形微带天线的分析,电子科学学刊,Vol. 19, No. 4, 1997.

[54] 吴爱婷,官伯然. 添加覆盖层的宽待微带贴片天线. 杭州电子工业学院学报,Vol. 24, No. 6, 2004.

[55] 刘刚. 多介质层单频和双频微带天线研究[博士学位论文]. 上海:上海大学,1995.

[56] 方大纲. 微波理论与技术. 北京:兵器工业出版社,1985.

[57] T Itoh, W Menzel. IEEETrans. 1981.

[58] R E Collin. Field Theory of Guided Waves. New York: McGraw-Hill, 1960.

[59] 尹应增,马澄波,刘其中等,介质覆盖微带天线辐射特性的研究,电子科学学刊,Vol. 14, No. 5, 1992.

[60] Byron E V. A new flush mounted antenna element for phased array applications. Proc

Phased Array Antenna Symp,1970.

[61] Yoshimura Y A. microstrip slot antenna. IEEE Trans. 1972.

[62] Collier M. Microstrip antenna array for 12GHz. TV Microw J,1977.

[63] derneryd A G. A theoretical investigation of the rectangular microstrip element. RADC Tech Rep,1977.

[64] Garvin C W,Munson R E. ostwald L T,Schroeder K G. Missile base mounted micros-trip antennas. IEEE Trans. 1977.

[65] Sanford G G. Conformal microstrip phased array for aircraft tests with ATS – 6 IEEE Trans,1978.

[66] Derneryd A G. Analysis of the microstrip disk antenna element. IEEE Trans,1979.

[67] Howell J Q. Microstrip antennas Dig Int Symp Ant Propag. Soc. Williamsburg,1972.

[68] Munson R E. Conformal microstrip antennas and phased arrays. IEEE Trans. 1974.

[69] Proc. Workshop on "Printed Circuit Antenna Tech. ". New Mexico State University Physical Science Lab,Las Cruces,New Mexico,1979.

[70] Chang D C ed. Special issue on microstrip antennas. IEEE Trans,1981.

[71] Bahl I J,Bhartia P. Microstrip Antennas. Artech House,1980.

[72] James J R,Hall P S,Wood C. Microstrip Antenna Theory and Design. Peter Peregrinus Ltd. ,1981.

[73] Dubost G. Flat Radiating Dipoles and Application to Arrays. Research Studies Press,1981.

[74] Katehi P B,Alexopoulos NG. On the modeling of electromagnetically coupled micros-trip antennas-The printed strip dipole. IEEE Trans. ,1984.

[75] Pozar D M. Microstrip antenna aperture-coupled to a microstripline. Electron Lett. ,1985.

[76] Snllivan P L,Schaubert D H. Analysis of an aperture-coupler microstrip antenna. IEEE Trans. ,1986.

[77] Pozar D M. A reciprocity method of analysis for printed slot and solt-coupled microstrip antennas. IEEE Trans,1986.

[78] Chen C H,Tulintseff A,Sorbello R M. Broadband two-layer microstrip antenna. IEEE AP-S Int Symp,1984.

[79] Bhatnager P S,et al. Experimental study of stacked triangular microstrip antennas. Elec-tron. Lett,1986.

[80] Zhong S S,Lo Y T. Single-element rectangular microstrip antenna for dual-frequency operation . Electron Lett,1983.

[81] Lo Y T,Richards W F. Perturbation approach to design of circularly polarized micros-trip antennas. Electr Lett,1981.

[82] Suzuki Y,Miyano N,Chiba T. circularly polarized radiation from singly fed equilater-al-triangular microstrp antenna. IEE Proc H,1987.

[83] Carver K R,Mink J W. microstrip antenna technology. IEEE Trans,1981.

[84] James J R,Hall P S,ed. Handbook of Microstrip Antennas Peter Peregrinus,1989.

[85] Gupta K. C. ,ed. Microstrip antennas design,Artech House,1988.

[86] Bhartia P,S Rao K V,Temar R S. Millimeter-Wave microsrip and Printed Circuit Antennas. Artech House,1991.

[87] 张钧,刘克诚,等,微带天线理论与工程. 北京:国防工业出版社,1988.

[88] 卢万铮. 天线理论与技术. 西安:西安电子科技大学出版社,2004.

[89] K R Carver,J W Mink. Microstrip Antenna Technology. ibid,1981.

[90] K R Carver,et al. IEEE Trans. On AP,AP−29,1981.

[91] Y Suzuki,N Miyano,T Chiba. IEE Proc. H,134,1987.

[92] V Palanisamy,R Garg. IEEE Trans. on Ap,AP−34,1986.

[93] 钟顺时,刘武华,张学军. 圆极化宽频带天线元. 1987 年全国天线会议论文集,1987.

[94] J Huang. IEEE Trans. On Ap,AP−34,1986.

[95] S Nishimura,Y Sugio,T Makimoto. Crank-type Circularly Polarized Microstrip Line Antennas. IEEE AP-S Symp Dig,Houston,1983.

[96] Derneryd A G. Linearly Polarized Microstrip Antennas. IEEE Trans,On Antennas and propagation. ,Vol. AP−24,1976.

[97] Derneryd A G,Microstrip Array Antenna,6th European Microwave Conf,1976.

[98] Menzel W. A 40 GHz Microstrip Array Antenna,IEEE MTT-S Int. Symp. Digest,1980.

[99] Manohar D Deshpande,P David Rufus Prabhakar. Analysis of Dielectric Covered Infinite Arry of Rectangular Microstrip Antennas. IEEE Transactions on Antennas and Propagation,Vol. No. 6,1987.

[100] 吴祥应,刘刚,钟顺时,多层介质覆盖矩形微带天线谐振频率的精确计算,电子学报,Vol 22 No 12 1994.

[101] 刘淑静. 介质加盖对微带天线谐振频率及带宽的影响. 四川大学学报,Vol 22 No 4,July 1999.

[102] Zhu H q,Fang D G,Long Y. Analysis open microstrip structure by using diakoptic method of lines combined withperiodic boundary conditions. J Electronics,1998.

[103] 王家胜. 有介质覆盖层的微带偶极子线的辐射场和所激励的表面波. 中国空间科学技术,1989.

[104] Lin C S,Zhong S S,Shi J H,et al. Gain enhancemet technique for microstripantenna. IEEE AP-S Int. Symp,San Jose 1989.

[105] Afzalzadeh Karekar R. Effect of dielective protection superstrate on radiation pattern of microstrip patchantenna. Electron Lett,1991.

[106] Afzalzadeh Karekar R. X-band directive single microstrp patch antenna using dielec-

tric parsite. Electron Lett,1992.

[107] Zhong S S,Liu G. Close form expression for resonant frequence of rectangular patch antennas with multidielectric layers. IEEE Trans,1994.

[108] Zhong S S,Liu G,Stassevich V. Improved transmission line model for input imped-ance of rectangular microstrip antennas with multi-dielectric layers. IEEE Antennas and Propagation Society International Symposium. Seattle,Washington,1994.

[109] R C Hall,J R Mosig. Vertical monopoles embedded in a dielectric substrate. IEE, Proceedings,1989.

[110] A B Smolders. Finite array of monopoles embedded in a grounded dielectric slab. IEEE,Electronics Letters 22nd October 1992.

[111] David Lamensdorf, Chung-yu Ting. An Experimental and Theoretical Study of the Monopole Embedded in a Cylinder of Anisotropic Dielectric. IEEE Transactions on Antennas and Propagation,1968.

[112] A Sangiovanni,J Y Dauvignac,C Pichot. Embedded dielectric resonator antenna for bandwidth enhancement. IEEE,Electronics Letters 4th December 1997,Vol. 33.

[113] Jingyang Chen,Ahmed A Kishk,Allen W Glisson. Application of a New MPIE For-mulation to the Analysis of a Dielectric Resonator Embedded in a Multilayered Medi-um Coupled to a Microstrip Circuit. IEEE Transaction on Microwave Theory and Techniques,2001.

[114] Andrew G Walsh, Christopher S De young, Stuart A Long. An Investigation of Stacked and Embedded Cylindrical Dielectric Resonator Antennas,IEEE Antennas and Wireless Propagation Letters,2006.

[115] S R J Brueck. Radiation from a Dipole Embedded in a Dielectric Slab. IEEE Journal on Selected Topics in Quantum Electronics,2000.

[116] Joel Pasvolsky,Raphael Kastner,Ehud Heyman,Amir Boag. Electromagnetic Analy-sis of an Antenna Embedded in a Composite Environment,IEEE Transactions on An-tenna and Propagation,2001.

[117] Chjin Chung. The Radiation Pattern of an Array of Dipoles in a Dielectric Slab,IEEE Transactions on Antenna and Propagation,1964.

[118] Hassan A,Ragheb,Umar M Johar. Radiation Characteristics of an Infinite Dielectric-Coated Axially Slotted Cylindrical Antenna Partly Embedded in a Ground Plane. IEEE Transactions on Antenna and Propagation,1998.

[119] W G Scanlon,S Cascino,P Russo. Hybrid Method for Time-Domain Analysis of Wire Antenna embedded in a Scattering Dielectric Medium,11th International Conference on Antennas and Propagation,2001.

[120] J W Lu,D V Thiel,B Hanna,S Saario. Multi-beam Switched Parasitic Antenna Em-

bedded in Dielectric for Wireless Communications Systems. IEEE Electronics Letters 5th,2001.

[121] Junwei Lu, David Thiel, Seppo Saario. FDTD Analysis of Dielectric-Embedded Electronically Switched Multiple-Beam (DE-ESMB) Antenna Array. IEEE Transactions on Magnetics,2002.

[122] Junwei Lu, Takeshi Iwashita. Dielectric Embedded-Electronically Steerable Multiple Bean (DE-ESMB) Antenna for Mobile Wireless Computing System. Asia-Pacific Conference on Environmental Electromagnetics CEEM'2003 Nov,2003.

[123]   Junwei Lu, David Ireland, Robert Schlub. Dielectric Embedded ESPAR (DE-ESPAR) Antenna Array for Wireless Communications. IEEE Transaction on Antennas and Propagation,2005.

[124] Orval R Cruzan. Radiation Properties of a Thin Wire Loop Antenna Embedded in a Spherical Medium. IRE Transactions on Antennas and Propagation.

[125] Ahmed A Kishk. Experimental Study of Broadband Embedded Propagation Dielectric Resonator Antennas Excited by a Narrow Slot. IEEE Antennas and Wireless Letters, 2005.

[126] Nickolay P Zhuck, Alexander G Yarovoy. Two-Dimensional Scattering from an Inhomogeneous Dielectric Cylinder Embedded in a Stratified Medium:Case of TM Polarization. IEEE Transaction on Antennas and Propagation,1994.

[127] Mark S Viola. A New Electric Field Integral Equation for Heterogeneous Dielectric Bodies of Revolution Embedded Within a Stratified Medium. IEEE Transaction on Antennas and Propagation,1995.

[128] 谢处方,王石安. 加载与媒质中天线. 成都:电子科技大学出版社,1990.

[129] [日] K. Fujimoto K. Hirasawa,[英] A. Henderson J. R. James,小天线. [译]俱新得,肖良勇. 北京:国防工业出版社,1991.

[130] [美] Inder Bahl Prakash Bhartia. 微波固态电路设计(第二版). 郑新,等,译. 北京:电子工业出版社,2006.

[131] 马小玲,丁丁. 宽频带微带天线技术及其应用. 北京:人民邮电出版社,2006.

[132] Ramesh Garg, Parkash Bhartia, Inder Bahl, Apisak Ittipiboon. Microstrip Antenna Design Handbook. Artech House,2001.

[133]   T Itoh, W Mcnzel. A Full-Wave Analysis Method for Open Microstrip Structures, IEEE Trans,1981.

[134] P B Katehi,N G Alexopoulos. On the Effect of Substrate Thickness and Permittivity on Printed Circuit Dipole Properties. IEEE Trans,1983.

[135] Carver K R. Input Impedance to Probe-fed Microstrip Antennas. IEEE AP-S Int Symp Digest. 1980.

［136］　殷际杰．微波技术与天线．北京:电子工业出版社,2004.

［137］　左智成,李兴华．电波与天线．合肥:合肥工业大学出版社,2006.

［138］　傅文斌．微波技术与天线．北京:机械工业出版社,2007.

［139］　钟顺时．微带天线理论．西安:西北电讯工程学院,1987.

［140］　徐健．重叠微带贴片天线的理论分析实验研究［博士论文］．北京理工大学,1993.

［141］　W C Chew,J A Kong. Analysis of a Circular Microstrip Disk Antenna with a Thick Dielectric Substrate. IEEE Trans. 1981.

［142］　高建平,张芝贤．电波传播．西安:西北工业大学出版社,2002.

［143］　余华．电波与天线．北京:电子工业出版社,2003.

［144］　Naoki Honma, Tomohiro Seki, et al. Compact Six-Sector Antenna Employing Three Intersecting Dual-Beam Microstrip Yagi - Uda Arrays With Common Director, IEEE TRANSACTIONS ON ANTENNAS AND PROPAGATION,2006.

［145］　John Huang, Arthur C densmore. Microstrip Yagi Array Antenna for mobile Satellite Vehicle Application, IEEE TRANSACTIONS ON ANTENNAS AND PROPAGATION,1991.

［146］　郭俊,王锋,金谋平．准八木型宽待微带天线单元的设计．现代电子,2002.

［147］　Y Qian, W R Deal, N Kaneda, T Itoh. Mic rostri p-fed quasi-Yag i antenna with broad band characteristics,ELECTRONICS LETTERS 72th November 1998.

［148］　康行健．天线原理与设计．北京:国防工业出版社,1995.

［149］　K R Carver,J W Mink. Microstrip Antenna Technology. ibid,1981.

［150］　Derek Gray,Jun Wei Lu,David V Thiel. Electronically Steerable Yagi-Uda Microstrip Patch Antenna Array,IEEE TRANSACTIONS ON ANTENNAS AND PROPAGATION,1998.

［151］　崔俊海．微带天线小型化研究与时域有限差分法分析［博士论文］.上海:上海大学出版社,2002.

内容简介

本书研究了一种综合微带天线和埋藏天线优点的新型天线——介质埋藏微带天线。全书主要从微带天线基础、介质埋藏微带天线的研究方法及基本问题探讨等方面入手,研究设计了介质埋藏微带天线的基础——介质埋藏准微带对称振子天线。在此基础上进一步设计、研究了介质埋藏准微带立体式八木天线和介质埋藏准微带立体式八木天线阵,最后给出了介质埋藏准微带天线研究工作展望。

本书研究了几种新型天线,提供了天线设计的一种全新思路,开辟了一个全新的天线研究领域。全书对介质埋藏准微带天线的设计、测试实验性能分析等的描述比较详细,实验数据充分,分析依据合理,是一本专业性较强的书籍,是从事天线设计研究的科研人员和从教人员不可多得的书籍。

In this book, a new antenna which is named by Dielectric Embedded Microstrip Antenna (DEMA) is described. The DEMA has the advantages of the microstrip antenna and the dielectric embedded antenna. The Dielectric Embedded Patch Symmetric E-lement Antenna(DEPSEA) is designed in this book as the basis of the DEMA, using microstrip theory and the research methods of the DEMA as well as the basic problems of the DEMA. Based on this, the Dielectric Embedded Three-Dimensional Yagi Antenna (DETDYA) and the DETDYA array are designed and researched, The future research work of the DEMA is given at last.

· Several new antennas are researched in this book, Provide a new idea of antennadesign and open up a new field of the antenna research. The design of the DEMA and performance analysis of testing experiment is described in detail. The experimental datas are abundant and analysis theory is reasonable. This book is very professional and will be well used by the microstrip antenna researchers and educators.